職業訓練の種類	普通職業訓練
訓練課程の種類	短期課程 一級技能士コース
改定承認年月日	平成13年8月2日
教材認定番号	第58461号

一級技能士コース

機械加工科

〈選択・フライス盤加工法〉

独立行政法人 高齢・障害・求職者雇用支援機構
職業能力開発総合大学校 基盤整備センター 編

はしがき

近年，我が国における機械設備の高度化，生産技術の進歩にはめざましいものがあります。このため各種産業の生産現場の技術者は，これらの新しい事態に対応し得るように，常にその技術・技能を向上させ，その裏づけとなる知識を系統的に身につけることが肝要です。

この教科書は，技能検定試験の基準及び細目に準拠し，一級技能士コース機械加工科選択教科目「フライス盤加工法」教科書として，技能者が現場において活躍し得るよう十分配慮し，自学自習できるように編集したものです。

なお，この教科書の作成にあたっては，次のかたがたに教科書作成委員としてご援助をいただいたものであり，その労に対し深く謝意を表する次第です。

作成委員（平成4年9月）　　（五十音順）

大熊　雅　日立精機株式会社

宮本健二　東京職業訓練短期大学校

（作成委員の所属は執筆当時のものです。）

改定委員（平成13年9月）　　（五十音順）

大熊　雅　日立精機株式会社

宮本健二　日本工業大学

平成13年9月

独立行政法人　高齢・障害・求職者雇用支援機構

職業能力開発総合大学校　基盤整備センター

目　　次

フライス盤加工法

フライス盤加工法とは，フライスと呼ばれる円板，円筒，円すい状の外周又は端面に多数の切れ刃を付けた切削工具を，フライス盤と称する工作機械の主軸に取り付け，切削運動である回転を与え，工作物をテーブルに取り付けて送り運動を与えることにより，工作物の平面をはじめ複雑な形状をもつ面や溝などを切削する作業である。ここでは，フライス盤についての種類や構造，フライス盤の検査試験方法，取扱い，フライス工具，加工方法について述べる。

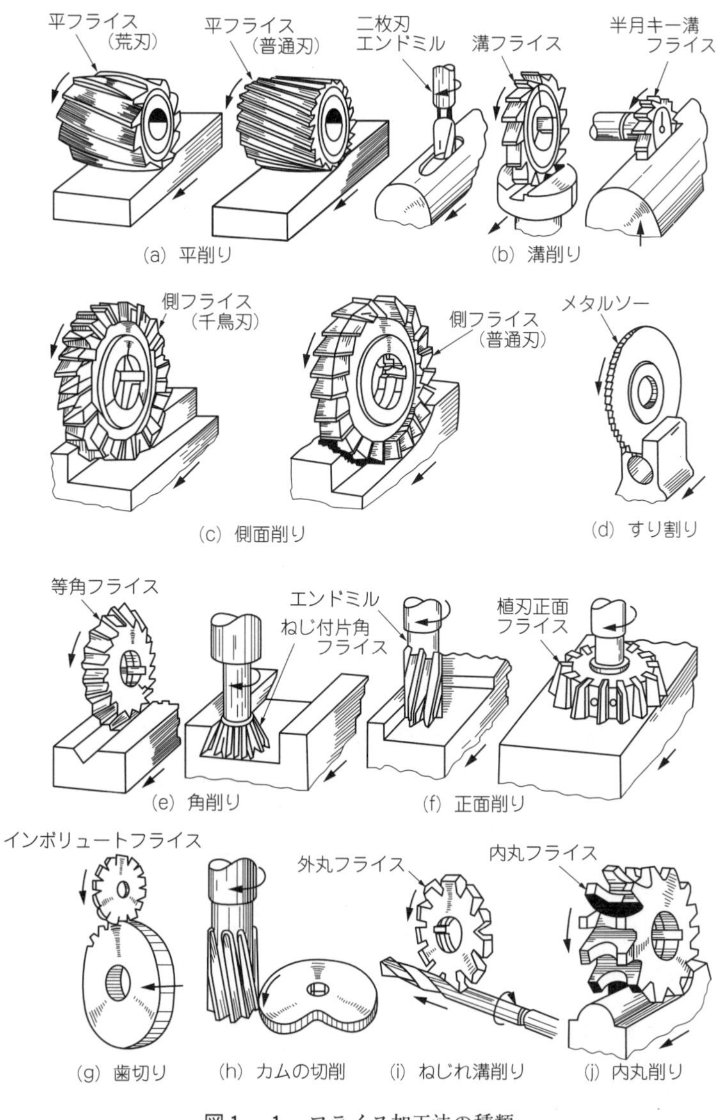

図１－１　フライス加工法の種類

加工法の種類としては，図１—１に示す例のように，各種形状のフライスとその取付け位置，各種付属装置などの使用法を工夫することによって，かなり広範囲な加工ができるのが特徴である。

第１章　フライス盤の種類，用途，構造及び機能

ここでは，フライス盤そのものについて学習する。まず，フライス盤の種類，用途，構造，機能について学ぶ。次にフライス盤の精度検査及び運転試験について学ぶ。さらにフライス盤加工で使用する治工具についても学ぶ。

第１節　フライス盤の種類と用途

フライス盤の種類は，用途，形式などによっていろいろな分類の方法がある。

（１）　用途により大別すれば，

(a)　はん用…多品種の一般工作に適し，広範な機能をもつ機械

(b)　生産用…多量生産に適し，機能，構造が簡単でかつ剛性を高くした機械

(c)　専　用…特殊な機能あるいは特定な工作物の専用的加工をする機械

（２）　形式から大別すれば，

テーブルを支える構造によるもの及びその他としては，次のものがある。

a.　ひざ形（ニー形）……はん用

①　横フライス盤

②　万能フライス盤

③　立てフライス盤

b.　ベッド形……はん用，生産形

①　ベッド形フライス盤—横形，立て削り万能形

②　生産フライス盤—単頭形，両頭形，多頭形，ロータリテーブル形

③　プラノミラー門形，片持ち形

c.　その他……特殊形

①　卓上フライス盤

②　ならいフライス盤

③　万能工具フライス盤

④　形彫り盤

⑤　彫刻盤

⑥　ねじフライス盤

⑦　スプラインフライス盤

⑧　カムフライス盤

⑨　数値制御（ＮＣ）フライス盤

超硬工具の普及により，切削時間の短縮と操作の自動化による生産の合理化とが，フライス盤の性能向上にも影響し，高速かつ強力切削が可能になり，動力も増大され，動剛性も強化され，高精度・高能率の作業向上が可能になっている。また，自動化の進んだ数値制御フライス盤や，マシニングセンタの使用が主流になっている。

１．１　ひざ（ニー）形フライス盤

フライス盤は，主軸頭の形状から横形と立て形とがあるが，テーブル支持の形状からニー形とベッド形とがある。

ニー形は，テーブル，サドルをのせた台（これをニーという）がコラムの前部に突き出した形をしているのでこの名が付けられたもので，これを上下に移動させることにより主軸とテーブル間の距離を変える構造になっている機械である。古くから広く使用されているはん用機械の代表的なものである。

コラムの前面が垂直案内しゅう動面になっていて，これに沿ってニーが上下動し，ニーの上面にサドルがまたがり，その上に工作物を取り付けるテーブルがのっている。サドルはコラムに対して前後に，テーブルは左右にそれぞれ移動する。

このようにして，工作物は主軸上のフライスに対して，上下送り，前後送り，左右送りと３方向に送れるのが，ひざ形フライス盤の特徴である。

また，頻繁に変わる各種の作業にすぐに応じられるように，切削速度，送り速度などの変換範囲も広く，その変換もじん速容易であるし，各種の付属品，付属装置の併用とあいまってきわめて万能的な機械である。

したがって，中，小形部品で，多種中量生産以下の加工に適している。

機種としては，次に述べる横フライス盤，万能フライス盤及び立てフライス盤の３種類がある。

（１）　横フライス盤

図１—２に，横フライス盤の外観を示す。主軸が，コラムの上部に水平に組み込まれているのが特徴で，これに付帯して，構造的に立てフライス盤（後述(3)）と大きく異なる点は，ロングアーバを主軸端テーパ穴に差し込むので，アーバのた

図１－２　横フライス盤

わみを防ぐためのオーバアームがコラムの最上部に取り付けられ，アーバ支えがあることである。

用途としては，主に平フライス，側フライス，総形フライス，組合せフライスなどをロングアーバに取り付け，工作物の上面を加工するほか，主に正面フライス，エンドミルなどを直接主軸端テーパ穴に取り付け，工作物の側面を加工する。割出し台や各種の付属装置をテーブル上に取り付けて使用すれば，さらにいろいろな作業をすることができる。

（2） 万能フライス盤

万能フライス盤の形式には2種類あり，一つは，横フライス盤とほぼ同形であるが，異なる部分は，サドルが二重になっていて，下部のサドルの上面に旋回部があり，これにテーブルハウジングがかん（嵌）合している構造になっていることである。

したがって，テーブルはこの旋回部を中心に，テーブル直角方向を中心にして左右へ各45°ずつ手動で水平旋回することができ，角度設定後テーブルハウジング側面にある締付けボルトで固定する。サドルには1目1°の目盛が付いている。

図1―3に，テーブルが水平旋回している状態を示す。

図1－3　万能フライス盤のテーブル旋回状態

テーブルの斜め送りが行えるので，割出し台の主軸とチェンジギヤによってテーブルの送りねじとを連係させれば，割出し台に取り付けた円筒形工作物を，求めるリードにすなわち，ドリルやフライスのねじれ溝，はすば歯車，カムなどのねじれ切削ができる。

他の一つは，サドル，テーブルは，横フライス盤と同じであるが，主軸頭が互いに45°の旋回面を持つ2個の本体より構成されたもので，主軸方向が水平垂直方向はもちろん，その間の任意の角度に傾けることができる構造のものである。したがって立てフライス盤と同じ機能も兼用できる。図1―4にその例を示す。

万能フライス盤は，広範な加工ができるので，切削工具，ジグ，機械部品など複雑な形状をもつ多品種少量加工に適している。

図1－4　万能主軸頭をもつ
万能フライス盤

（3）　立てフライス盤

図1—5に，立てフライス盤の外観を示す。主軸が，コラム上部に垂直に組み込まれた主軸頭として前方へ突き出ているのが特徴で，横フライス盤のようなロングアーバは使用しないので，オーバアームはない。ニー，サドル，テーブルの構造は横フライス盤と同様である。

主軸頭の形式は，この図のように上下に移動するもの以外に，コラムと一体になっているもの，コラム前部垂直面内で所定の角度に旋回できるもの，あるいはコラム部にラムがのり前後移動と水平旋回をし，かつこのラム先端に垂直の主軸頭があって，これが垂直面で左右旋回するもの（タレット形といっている）など各種がある。

図1－5　立てフライス盤

用途としては，主として超硬合金チップをもつ正面フライスによる能率的な平面削り，エンドミルによる溝削りや側面削りに適する。テーブルには，割出し台，円テーブルなどの付属装置を取り付けて，割出し作業，輪郭削りもできる。

なお，フライスの取付けやすさ，切削状況の見やすさは，横フライス盤よりも便利である。

（4）　ひざ形フライス盤の大きさの表し方

JIS B 0105によるとテーブルの大きさ，テーブルの移動量（左右×前後×上下），テーブル上面から主軸端面までの距離によって機械の大きさを表すことになっている。

しかし，一般には，称呼番号で表され，テーブル送りの移動量によって決めている。

表1－1　フライス盤の称呼基準

称　呼	種　類	テーブル移動形の標準〔mm〕		
		左　右	前　後	上　下
0　番	横	450～ 550	150	300
	万　能	450～ 550	150	300
	立	450～ 550	150	300
1　番	横	550～ 700	200	400
	万　能	550～ 700	175	400
	立	550～ 700	200	300
2　番	横	700～ 850	250	400
	万　能	700～ 850	225	400
	立	700～ 850	250	300
3　番	横	850～1,050	300	450
	万　能	850～1,050	275	450
	立	850～1,050	300	350
4　番	横	1,050以上	325	450
	万　能	1,050以上	300	450
	立	1,050以上	350	400

1．2　ベッド形フライス盤

ベッド形（ゆか形）のフライス盤は，テーブル又はサドルの動きをベッドの上面で行わせ，ひざ形の場合の上下送りねじ及び締付けによって支えられたニーの弱点を補う構造として考えられたフライス盤である。すなわち，ニー形は片持ばり構造であるから強力切削あるいは重荷重に対しては強度的に弱いという欠点を，強固なベッド形に固定して剛性を高め，特に中量生産以上の場合の加工精度維持を容易にした形式である。

機能としてニー形と異なる点は，上下方向の送り運動は，ニーに代わって，主軸頭が受け持つことになるのである。すなわち3方向送り運動は，主軸を組み込んであるコラムか，あるいはベッドに固定したコラムの前面を主軸頭が上下に，主軸頭かあるいはサドルが前後に，そしてベッド上のテーブルが左右にそれぞれ運動する構造になる。これらの形式には次のような種類がある。

（1）　ベッド形（横・立・万能）フライス盤

ひざ形はん用フライス盤とベッド形生産フライス盤の機能を合わせもたせた構造のもので用途によって大きく分けて図1—6，図1—7に示す2種類がある。

図1—6に示す種類は，ベッド上面はサドルがまたがり，前後にしゅう動し，サドルの上面にテーブルが左右にしゅう動する。ベッド背面の垂直案内面には主軸頭とコラムが一体になったものが上下にしゅう動する。そして，ひざ形と同様にベッド前面に各種操作部が集中されている。

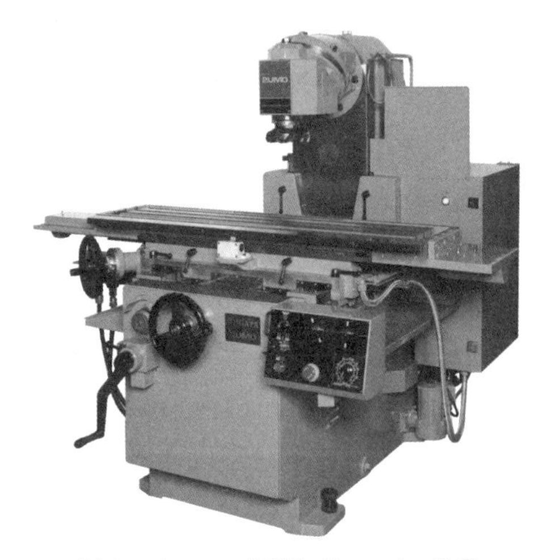

図1－6　ベッド形生産フライス盤①

図1—7に示す種類は，テーブルが直接ベッド上面を左右にしゅう動し，コラムはサドルの背面

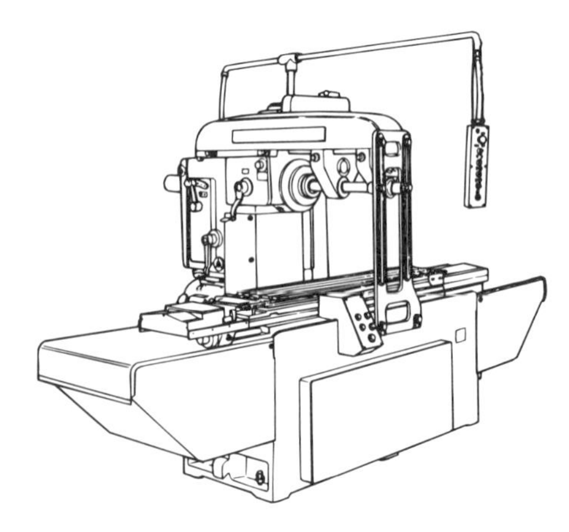

図1－7　ベッド形フライス盤②

図1－8　ベッド形フライス盤③

で案内されて上下にしゅう動する。このサドルはテーブルを受けているベッドの一部をくぐって前後にしゅう動する。したがって，テーブルの左右しゅう動位置は固定され，これに対して，コラムが上下，前後に移動する形になる。

また，はん用重切削用として図1―8のように，ニーのみがベッドになっているものもある。

（2）　生産フライス盤

多量生産に使用するため，ある程度単純化され，自動化されたフライス盤で，一般に重切削に耐えられる剛性の高いベッド形の別名を生産フライス盤と呼んでいる。前項のベッド形フライス盤と異なる点は，前後送り移動させるサドルがなく，テーブルは左右送りだけにしているのが構造的な特徴である。

主軸回転速度，テーブル送り速度の変換や，主軸頭の上下，前後の位置決め運動は，機械の主目的ではないから頻繁に段取りがえする必要はないので，作業準備の段階で行うが，生産を高めることを目的とするために，切削作業中は，起動テーブル早送り（前進）―自動切込み―普通送り―自動逃げ―早送り―普通送り―方向転換早もどし―停止，のような一例にも見られるように，一連の加工行程が一つの連続サイクルとして自動的に行えるというのが機能的な特徴である。

図1－9　単頭横形生産フライス盤

形式としては，主軸頭の数によって，単頭形，両頭形，多頭形，主軸の向きによって，横形，立て形，テーブルの形によって，角テーブル形，ロータリテーブル形などに分類される。図1―9に単頭横形生産フライス盤を示す。

（3）　プラノミラー

図1―10に示すように，平削り盤の刃物台とフライスユニット構造の主軸頭とを置き換えたような外観をしたもので，バイトの代わりにフライスを用いて広い平面を能率的に強力重切削する大形のベッド形フライス盤である。クロスレール（横けた）は，ハウジングの垂直しゅう動面に沿って上下に移動し，立て形主軸頭は，クロスレール上をしゅう動する。

図1－10　門形プラノミラー

主軸は，クイルによって主軸頭内を出入りし，また主軸頭は垂直面内で旋回することもできる。

立形主軸頭のほかに，テーブルの両側にも横形主軸頭がハウジング垂直面に備え付けられている。この立・横形主軸頭のそれぞれに正面フライスを取り付け，大きなあるいは数個並べた工作物の水平面，側面を同時加工することができる。

また，エンドミルにより内側面，溝，外側面も加工できるし，各種付属品により，標準機では加工し得ない箇所の加工や，ボーリング加工もできるはん用性もあり，自動サイクル装置などを付けての高能率化を発揮できる生産性もある。

図1－11　片持ち形プラノミラー

形式として，図のように二つのハウジングを備えて，クロスレールを両持ちで支えている門形と，一つのハウジングで横けたを支えている片持ち形とがある（図1―11)。

（4）　ベッド形フライス盤の大きさの表し方

a.　ベッド形フライス盤

テーブルの大きさ，テーブル左右移動量，主軸頭又はクイルの移動量及びテーブル上面から主軸端面までの距離。

b.　プラノミラー

コラム間距離，テーブル上面から主軸端面又は主軸中心線までの距離，テーブル移動量及び工作物質量。

1．3　特殊形フライス盤

フライス盤のなかには，限られた範囲において特定の加工に用いられる専用化されたものがあり，この範囲内の作業に関しては他の一般フライス盤より能率的である。

そのうちで，主なものについて次に述べる。

（1）　ならいフライス盤

ならいフライス盤は，型板（断面形）又はモデル（立体形）にならって工作物をこれと同じ形状に削り出すフライス盤で，プレス，型鍛造，ダイカスト，鋳造，プラスチック成形等に用いる金型の形彫り（この金型専門に行うフライス盤を形彫り盤ともいう）や，複雑な形状をもつ

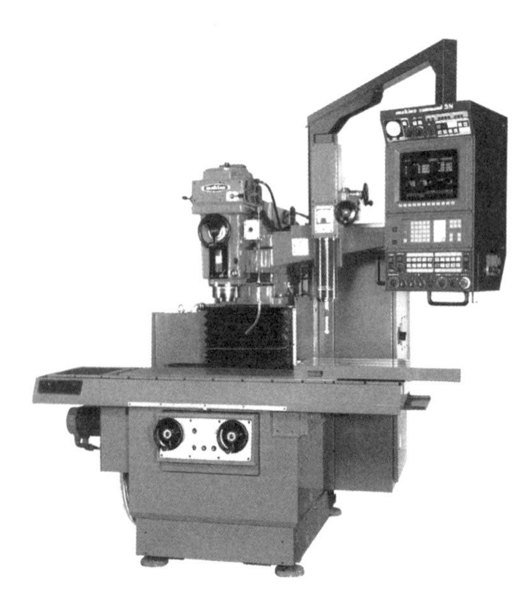

図1－12　ならいフライス盤

他の工作物などの加工に使用する。

図1—12に一例として，ならいフライス盤を示す。テーブル上にモデルと工作物を取り付け，その直上にトレーサ（スタイラスともいう）とフライス（この場合主軸頭は固定され上下送りはしない形式）が接触し，テーブルに送りを与えると，トレーサにわずかな変位が生じ，この変位に基づいて検出し，それを増幅しテーブルに同じ動きを与える。しかし，テーブルに対するトレーサの相対的変位をなくすようなフィードバック制御が行われながら，モデルにならってテーブルがならい運動をしていくのである。すなわち，相対的にカッタがならい削りをする。

図1—13に，油圧式ならい装置の簡単な一次元ならいの原理を示す。

ならい方式には，フライス又は工作物の動きの方向（軸と呼ぶ）をならい制御する軸の数によって一次元制御，二次元制御及び三次元制御の三つの方式がある（図1—14）。

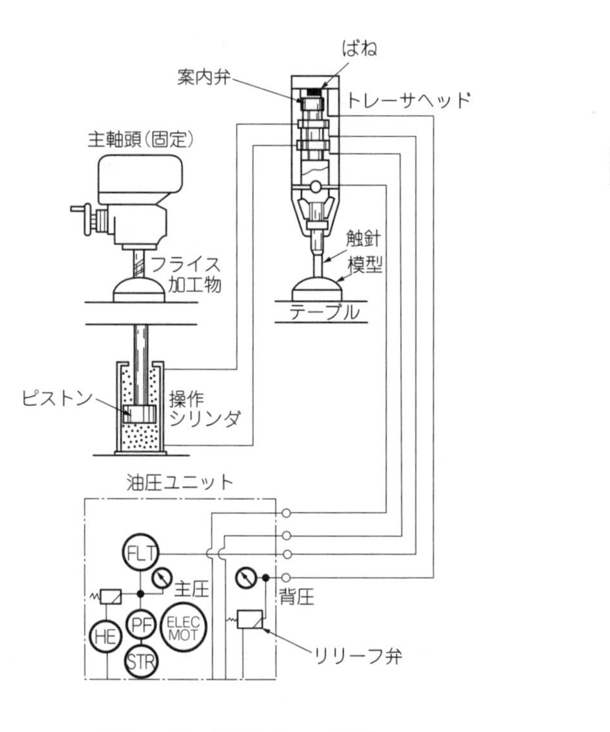

図1－13　油圧ならいの原理

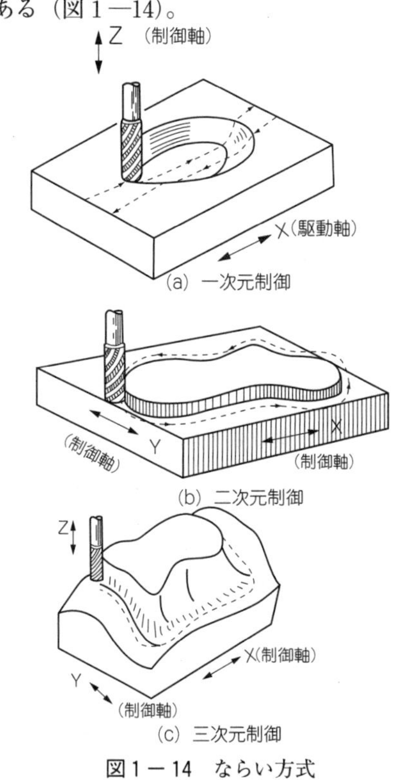

図1－14　ならい方式

一次元制御は，フライス（あるいは工作物）の上下運動（Z方向）の一軸方向のみの位置制御を行うもので，X，Yの送り軸の送り速度は一定である。

二次元制御はならい動作の行われる平面のX，Y2軸方向を同時に制御するもので，360°輪郭ならいすなわち位置制御と速度制御も可能である。

三次元制御は，上記の一次元制御と二次元制御とが組み合わされたもので，3軸方向の送りが制御可能である。形彫り盤としては，いかなる傾斜角でもならい得られ，いかなる形状でもその接線方向の送り速度とトレーサの変位量が一定でなければならないので二次元制御以上が必要とされる。

ならい制御に用いられるエネルギーの形態としては，油圧，空気圧，電気がある。

構造形式の種類としては，主軸の向きによって立て形と横形とがあり，立て形には，ひざ形とベッド形とがあるが工作物の大きさとしては小，中形用である。

（2） 数値制御（ＮＣ）フライス盤

数値制御フライス盤は，加工のために作動する機械本体と，この作動を指令する数値制御（ＮＣ）装置との二つの部分によって構成されている。

図１―15に数値制御立て形フライス盤を示すが機械本体の送り機構には，数値制御装置からの指令どおりに駆動するサーボ機構と呼ばれる特殊な駆動装置があり，これによって，テーブル，サドル，ニーあるいは主軸頭の送り駆動を自動制御する。

数値制御フライス盤を操作するためには，加工に必要な情報（カッタの移動距離と方向，切込み量，送り速度，加工順序など）を一定の規約によってプログラムとして作成し，数値制御装置のデータ入力装置に入力する。演算装置はこのいろいろな指令データを処理し，指令パルス（脈動電流）に変換し，サーボ機構へ送り込む。

図１－15 数値制御立て形フライス盤

サーボ機構は，送り系すなわちテーブル，サドル，ニー駆動用のサーボモータとそのドライブユニットから構成されていて，数値制御装置の情報処理回路からの指令どおりに回転させ，力を拡大して機械を動かすのがその役割である。

その種類としては，三つの方式があるが，その①は，オープンループ方式といって，電気パルスモータを使うもので，指令パルスの周波数に相当する速度で，指令パルスの数に相当する移動量だけ機械を動かす。

その②は，セミクローズドループといって，サーボモータに直流モータや油圧モータを使い，同時に検出器によって，モータの回転角と速度をフィードバックするもので，頻繁に加減速を行う作業に高能率を発揮する。

その③は，クローズドループ方式といって，テーブルやサドルなどに位置検出器を取り付け，位置のフィードバックを行うことが②と違う点で，高精度の位置決めが得られるのが特徴である。

機種としては，数値制御装置の種類（制御方式の違い）により，①位置決め直線切削用といって，穴あけ作業と左右・前後・上下の３送り軸に直線切削作業のいずれか１軸だけ制御されるもの，②輪郭切削用といって，３送り軸のうち同時に２軸あるいは３軸が制御できるもので，カムやゲージ等の二次元の曲面加工，金型等の三次元の立体加工できるものの２種に大別される。

機械形式の種類としては，図１―15の立て形のほか，ラム形，ベッド形，自動工具交換装置付きのマシニングセンタなどの種類があるが，フライス盤は工作機械の中で最初に数値制御が活用された機種である。

数値制御フライス盤に要求される機能はいろいろあるが，指令どおり正しく作動し，安定性のあることが第一である。したがって，加工精度は，機械のもつ性能によって左右されるので，はん用フライス盤に比べて，構造上次のような配慮がなされている。すなわち，①案内面特性の向上（耐摩耗性向上，しゅう動抵抗の減少など），②送り軸剛性向上（ボールねじの採用とその配置），③熱変位の防止などである。

（３）　プログラムコントロールフライス盤（通称プロコンフライス盤）

はん用機と数値制御工作機械の中間に位置づけられる性質のフライス盤で，機械の動作があらかじめ決められたプログラムに従って自動制御される機械である。

はん用フライス盤のオートサイクルがテーブルの送り関係のみに関する自動化を図ったものであるのに対し，プロコンフライス盤は，より多量生産を目的にしてテーブル送り関係のほかに主軸の始動，停止やクーラントポンプの始動，停止など，フライス盤全体にわたって行うシーケンス動作の自動化を図ったものである。また数値制御フライス盤のようにプログラムによって自動運転されるのではなく，動作指令のためのプログラムボードのセッティング及び移動量決定のためのドッグ位置決めという二つの指令を使用者が行うという点に特徴がある。

プログラムボードで得られるオートサイクル方式は，多種類のものを選定できる長所をもっているが，位置決めにドッグとリミットスイッチを使用しているため送り速度に無関係に正確な位置決めができないことから，最近では数値制御フライス盤がこれに代わって使用されている。図１—16にその一例を示す。

（４）　万能工具フライス盤

このフライス盤は，工具，ジグ，型，ゲージ，カム及び複雑な形状の工作物を，豊

図１－16　プログラムコントロールフライス盤

図１－17　万能工具フライス盤

富な各種付属品を組み合わせ使用することによって，広範囲な精密加工をすることができる。

図１―17に示すように，基準構造は，コラム前面にテーブル面が垂直になって取り付けられていて，上下・左右へ送り移動をし，コラム上部にラム形の横形主軸頭が前後に送り移動しているが，これに他の特別付属品が（図１―17は，バーチカルミリングアタッチメントとスパイラルミリングアタッチメントが取り付けられている）10数種あって，これを適切に組み合わせて使用することによって，万能性を発揮させることができる。図１―18にその特別付属装置の数例を示す。

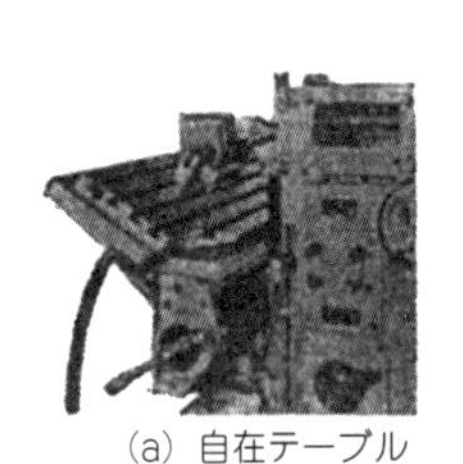
(a) 自在テーブル

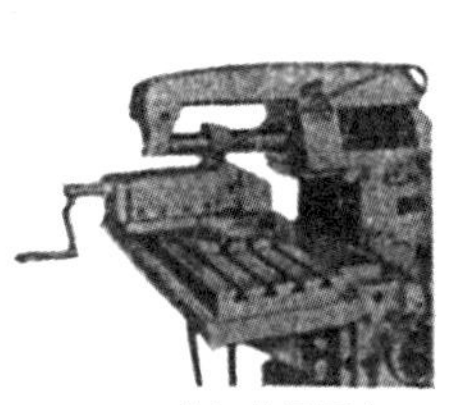
(b) 旋回万力

(c) 割出し台

(d) 立て削り装置

図１－18　特別付属装置を付けた加工例

第２節　フライス盤主要部の構造及び機能

２．１　主軸駆動装置と送り装置

主軸は，主モータ（主として三相交流電動機）の回転をＶベルトと変速歯車装置によって駆動させるのが一般的である。

主軸速度及び送り速度はその最高と最低の比，すなわち速度範囲が広くなり，工具及び被削材の材質や寸法などにより最適の条件で作業できるように考慮されている。

主軸速度の変換機構は機械的，あるいは油圧による歯車のスライド変換方式が多く採用されており，スムースに変換が行えるように変換時の緩衝装置も工夫されている。

主軸速度の変換は，この変速歯車装置のほかに，モータの極数を変える方式，無段変速機による方法，直流モータを使って無段階にモータの回転速度を変える方法などもある。

変速歯車装置は一般にコラムの中に組み込まれている。

図１―19はひざ形フライス盤の主軸駆動及び送り用歯車装置の関係を示したものである。

主モータからの回転はＶベルトによってプーリ軸を駆動し，変速装置の歯車列を介して主軸に伝えられる。

主軸の回転数は，コラムに取り付けられたレバー操作で，すべり歯車を動かして変換するので，レバーをその位置に合わせればよい。

主軸はフライスに回転を与える軸であって，高速かつ強力な切削に耐えられるように，剛性の高い構造とし，図１―19のフライホイールの前後を円すいころ軸受で，また後端部を玉軸受で支えた，いわゆる三点支持方式が多く用いられている。

なお，フライホイールは断続切削による主軸のねじれや，振動を緩和吸収し，かつ動的バランスを保つことを目的としている。

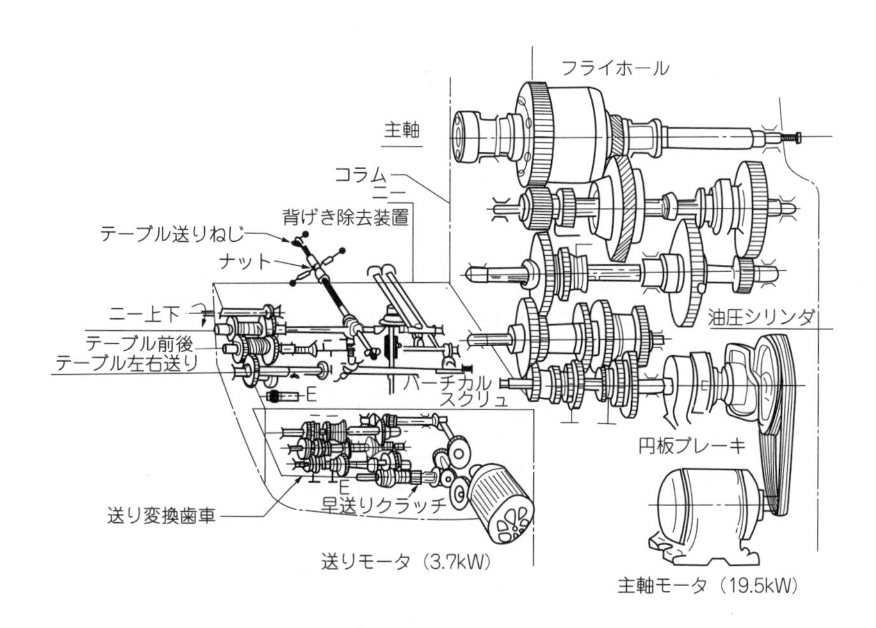

図１－19　主軸及び送り用歯車装置

主軸は中空軸となっており，その先端部は７／24テーパ穴となっていて，端面にはアーバやアダプタを回転させるための２個のキーと，大径の正面フライスを取り付けるための４個のボルト穴とがある。表１―２にJIS　B　6101で規定しているフライス盤の主軸端及びシャンクの形状，寸法を示す。

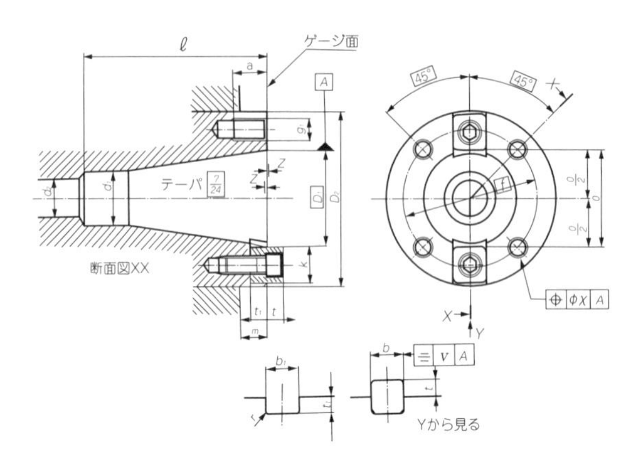

表1－2　$\frac{7}{24}$テーパの主軸端及びシャンク主軸端の形状及び寸法

（JIS B6101：1982抜粋）　（単位mm）

	呼び番号		30	35	40	45	50	55	60
テーパ部	D_1	（基準寸法）	31.750	38.100	44.450	57.150	69.850	88.900	107.950
	Z	（最　大）	0.4	0.4	0.4	0.4	0.4	0.4	0.4
	d_1	寸　法	17.4	21.4	25.3	32.4	39.6	50.4	60.2
		許容差 H 12	+0.180 0	+0.210 0	+0.210 0	+0.250 0	+0.250 0	+0.300 0	+0.300 0
	d_2	（最　小）	13	13	17	21	27	27	35
	ℓ	（最　小）	73	86	100	120	140	178	220
端面部	D_2	寸　法	69.832	79.357	88.882	101.600	128.570	152.400	221.440
		許容差 h 5	0 −0.013	0 −0.013	0 −0.015	0 −0.015	0 −0.018	0 −0.018	0 −0.020
	m	（最　小）	12.5	14	16	18	19	25	38
	f		54	60.3	66.7	80	101.6	120.6	177.8
	g_1		M10	M10	M12	M12	M16	M20	M20
	a	（最　小）	16	16	20	20	25	30	30
	x		0.15	0.15	0.15	0.15	0.20	0.20	0.20
キー部	b	寸　法	15.9	15.9	15.9	19	25.4	25.4	25.4
		許容差 h 5	0 −0.008	0 −0.008	0 −0.008	0 −0.009	0 −0.009	0 −0.009	0 −0.009
	b_1	寸　法	15.9	15.9	15.9	19	25.4	25.4	25.4
		許容差 M6	−0.004 −0.015	−0.004 −0.015	−0.004 −0.015	−0.004 −0.017	−0.004 −0.017	−0.004 −0.017	−0.004 −0.017
	$\frac{O}{2}$	（最　小）	16.5	20	23	30	36	48	61
	k	（最　大）	16.5	18	19.5	19.5	26.5	26.5	45.5
	t	（最　大）	8	8	8	9.5	12.5	12.5	12.5
	t_1	（最　小）	8	8	8	9.5	12.5	12.5	12.5
	r		1.6	1.6	1.6	1.6	2.0	2.0	2.0
	v		0.06	0.06	0.06	0.06	0.08	0.08	0.08

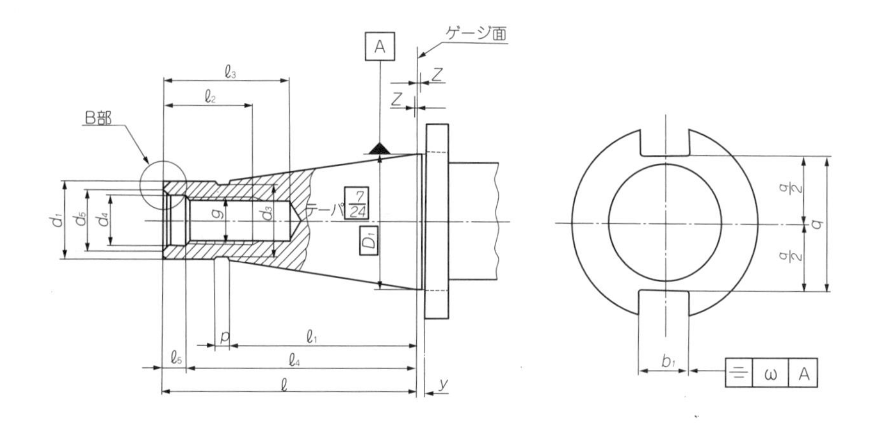

シャンクの形状及び寸法　　(単位mm)

	呼び番号		30	35	40	45	50	55	60
テーパ部	D_1 (基準寸法)		31.750	38.100	44.450	57.150	69.850	88.900	107.950
	Z (最　大)		0.4	0.4	0.4	0.4	0.4	0.4	0.4
	d_1	寸　法	17.4	21.4	25.3	32.4	39.6	50.4	60.2
		許容差 e 10	−0.290 −0.360	−0.300 −0.384	−0.300 −0.384	−0.310 −0.410	−0.310 −0.410	−0.340 −0.460	−0.340 −0.460
	d_3		16.5	20	24	30	38	48	58
	ℓ	寸　法	68.4	80.4	93.4	106.8	126.8	164.8	206.8
		許容差 h 12	0 −0.30	0 −0.35	0 −0.35	0 −0.35	0 −0.40	0 −0.40	0 −0.46
	ℓ_1		48.4	56.4	65.4	82.8	101.8	126.8	161.8
	p		3	4	5	6	8	9	10
	y		1.6	1.6	1.6	3.2	3.2	3.2	3.2
ねじ部	g		M12	M12	M16	M20	M24	M24	M30
	ℓ_2 (最　小)		24	24	32	40	47	47	59
	ℓ_3 (最　小)		34	34	43	53	62	62	76
	ℓ_5		6	6	8	10	11.5	11.5	14
	参考	d_4	13	13	17	21	26	26	32
		d_5 (最大)	16	16	21.5	26	32	36	44
		ℓ_4	62.4	74.4	85.4	96.8	115.3	115.3	192.8
キー部	b_1	寸　法	16.1	16.1	16.1	19.3	25.7	25.7	25.7
		許容差 H12	+0.180 0	+0.180 0	+0.180 0	+0.210 0	+0.210 0	+0.210 0	+0.210 0
	$\frac{q}{2}$ (最大)		16.2	19.5	22.5	29	35.3	45	60
	w		0.12	0.12	0.12	0.12	0.20	0.20	0.20

主軸の中空穴はテーパにはめ込んだアーバを引き，締め込むための長いボルトを通すのに利用する。

なお7／24テーパは角度が大きく，かつ口元直径も大きいので，アーバやカッタを交換するときに，その着脱が早くできるとともに，高速かつ重切削に耐えられる強さをもっている。

しかしテーパ値が大きいことは，はめ合わせただけの面の摩擦力が小さいので，変動する切削抵抗や振動で緩む恐れがある。そのためアーバなどをはめ合わせた後，回転方向はキーで支え，軸方向は引込みボルトで引き締めておく必要がある。

7／24テーパは呼び番号で30番から60番がJISで規定されていて，番号が大きくなるにつれて，テーパの大端径も大きくなっている。

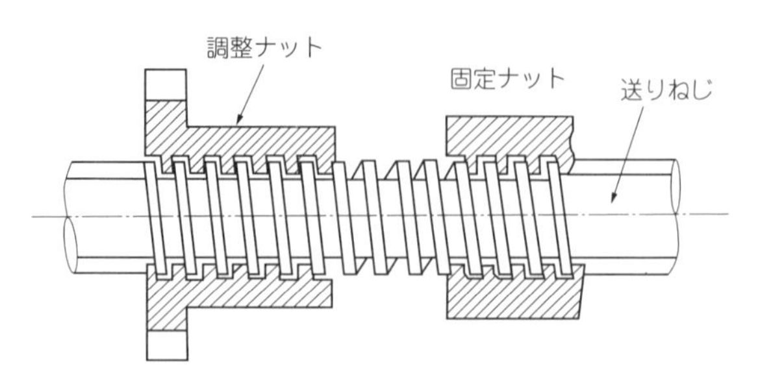

図1－20　機械式バックラッシ除去装置

フライス盤の送り運動は，普通送り機構とは別に早送り機構が設けてあり，送り機構に遊げき（隙）がないようにテーブル送りねじに，機械式あるいは油圧式のバックラッシ除去装置（図1―20，21）を設け，下向き削りに耐えられるようになっている。

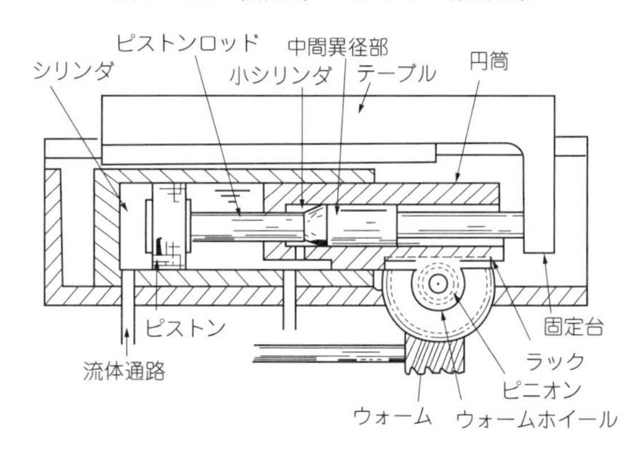

図1－21　油圧式バックラッシ除去装置

機械式は2個のナットを別々に締め付けて，バックラッシを防止する。また，油圧式はピストンロッドの中間異径部を円筒の内径部小シリンダに密遊合させ，ピストン及び円筒を同心状のシリンダにそれぞれ密遊合し，ウォームより減速されたピニオン円筒のラックにかみ合わせ，油圧の制御とウォーム軸の転動によりバックラッシを除去する。

フライス盤による加工は，図1―22及び表1―3に示すような上向き削りと下向き削りがある。これを行うようテーブルの送りは左右両方向への移動が必要であり，左右送り，早送り及び停止が制御できるようにモノレバー装置（図1―23）になっている。レバーを中立の位置から右に移すと，クラッチが右のかさ歯車にはいり，テーブルは右方向に送られ，レバーを右上に移すとレバーに設けられたドッグトリッププランジャが下にさがり，ローテーションシャフトを回してラビットトラバースバルブを切り換える。そうするとプランジャバルブが働いてピニオンシャフトを回し，シフタロッドを引き付けて早送り多板クラッチを作動させ，右方向の早送りができる。

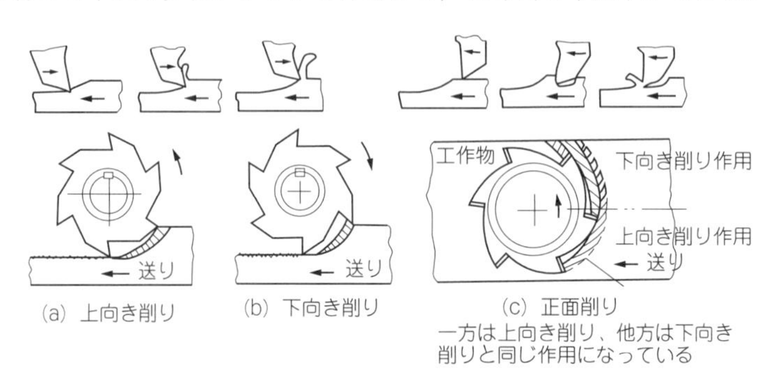

図1－22　上向き削りと下向き削り

表1－3　　上向き削りと下向き削りの特徴

	上向き削り	下向き削り
利点	①　切りくずが切れ刃のじゃまをしない。 ②　フライス盤の刃の進行方向と工作物の送られる方向が相反して押し合うので，送り機構の遊びが除去されて，切削が自然に行われる。	①　切れ刃が工作物を下に押し付けるので工作物の取付けが簡単でよい。ことに薄物など取付けにくいものの面削りに便利である。 ②　フライスの刃が一定の位置に一時に切り込むので，刃先の摩耗が少ない。したがって，フライスの寿命が長く，動力の消費が少なく，切削効率は向上する。 ③　削り面がきれい。加工精度が向上する。 ④　削り量が多い。 ⑤　刃先が熱せられることが少ない。
欠点	①　切れ刃が工作物を押し上げるように作用するので，工作物を確実に取り付けなければならない。 ②　切れ刃が工作物に切り込むとき，すぐ切り込まないで，しばらく滑った後，接触圧力が増大して切り込む。この摩擦のため刃先が摩耗し，フライスの寿命が短くなり，動力をむだに消費する。 ③　削り面がきたない。	①　切り粉が刃先の間に挟まって，切削のじゃまをする。 ②　切れ刃と工作物の進行方向が同じ方向であるから，遊びが増大されて，工作物が切れ刃に引き込まれて，がたやびびりが起こり，工作物やフライスを破損する。またアーバを曲げたりするので，バックラッシ除去装置を取り付けないと，下向き削りはできない。

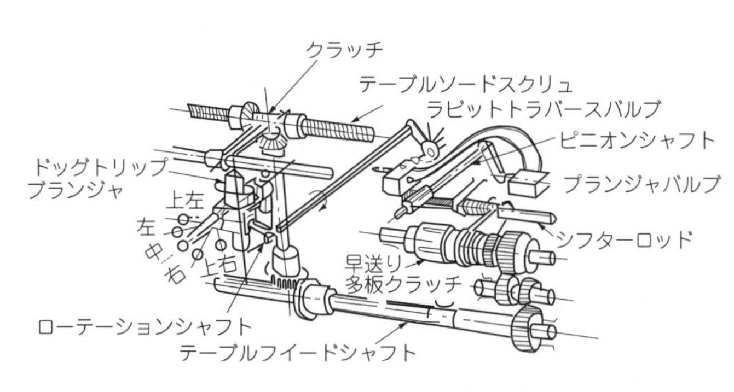

図1－23　モノレバー関係図

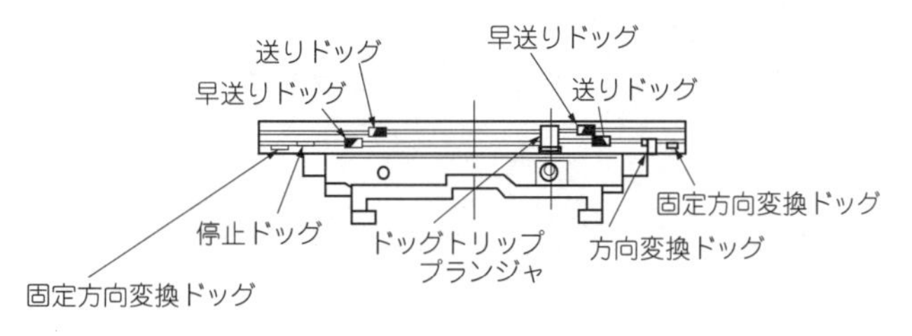

図1－24　ドッグによるテーブルの操作

このとき油圧はバックラッシ除去装置にも送られテーブル送りねじにバックラッシを与える。さらにテーブルの前面にドッグを取り付けてドッグプランジャを働かせ，これらの操作をさせて全作業を自動サイクルにし，作業能率をあげることができる（図1―24）。

しゅう動部のクランプは油圧方式のもの，機械的に行うもの，手動によるものがあるが，しだいに自動クランプになる傾向にある。また工作物のクランプ装置の生産に与える影響は大なるものがあり，手動，空気圧などにより，それぞれ専用化されているものが多い。

最近のフライス盤は，スピンドルの駆動，送りの駆動，ときには早送りに対し，それぞれ独自の分離した別々のモータを配して，主軸及び送り速度の速度域の増大及び単独駆動方式（セパレートモータシステム）により高性能化と強力化をはかっている。

数値制御による送り機構を図１—25に示す。

基本的にはハンドルの代わりにＮＣサーボモータを使う方式である。

数値制御装置からの信号によりサーボ増幅器がサーボモータを回転させる。これはボールねじに接続されており，ボールねじが回転して，ボールナットが移動することによってテーブルが移動する。サーボモータの回転は検出器によって検出され，その回転信号がサーボ増幅器にフィードバックされ，サーボモータの回転速度と回転角度が制御され，往復台の移動と位置決めが行われる。

サドルについても同様にして，もう一つのサーボモータによって制御が行われる。

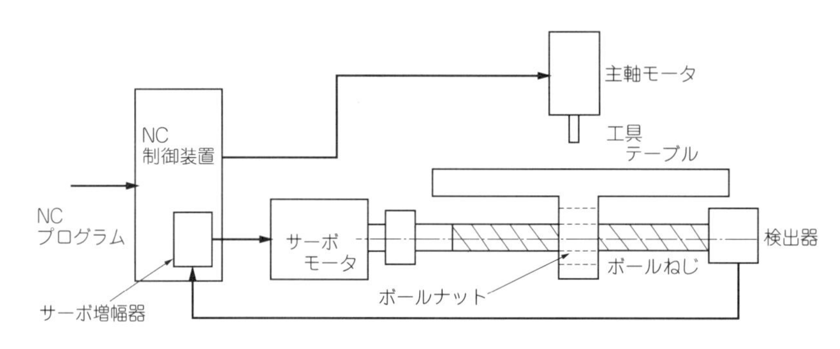

図１－25　数値制御送り機構

2．2　切削工具取付け装置

フライス盤で使用する切削工具を大別すると次のようになる。

a.　シャンクを持つ切削工具

これにはエンドミル，Ｔ溝フライス，半月キー溝フライス，ドリル，リーマなどがある。

b.　シャンクを持たない切削工具

これには正面フライス，平フライス，角フライス，側フライス，総形フライス，メタルソーなどがある。

c.　バイトホルダ，マイクロボーリングバー，マイクロボーリングヘッドなどに取り付けるバイト。

切削工具はすべて主軸に取り付けて，主軸を回転させることによって切削工具も一緒に回転して切削を行うのであるから，シャンクを持つ切削工具も，シャンクを持たないものも，すべて主軸に取り付けることには変わりはないが，それが直接取り付けられるか，何かの媒体を介して取り付けられるかの相違がある。

したがってフライス盤への切削工具の取付けは，主軸のテーパに合うテーパをもった取付け具を介して行われる。

ただし，大形の正面フライスは，主軸端面に直接ねじ止めすることができる。

切削工具をフライス盤の主軸に取り付ける取付け具をアーバという。

またクイックチェンジアダプタは，主軸前端のナットやカムの掛け外しだけで，切削工具の取付け，取外しをじん速に行うことができるので便利である。

2．3　フライス盤用付属装置

フライス盤の作業においては，各種の付属装置を使用することによって，非常に広範な作業を行うことができる。

フライス盤の付属装置としては，

① 切削工具の取付け装置（前項で述べた）

② 工作物の取付け装置

③ 主軸の方向を変える装置

④ 寸法読取り装置

などがある。

（１）　工作物の取付け装置

ａ．割出し台

円周などを任意の数に等分することを割出しという。割出し台は工作物を取り付けて，この割出しを行い，多角形の加工をはじめ，歯車やかみ合いクラッチの歯の割出しを行うほか，掛換え歯車を使ってねじれ溝の加工を行うこともできる。

割出し台には万能割出し台と単能割出し台があり，万能割出し台は主軸の傾斜，直接割出し及び間接割出しができる。

自動送り装置を取り付けると，ねじれ溝の切削ができる。

割出し台は主軸台と心押し台とからなる。

単能割出し台は直接割出しができるものである。

なお直接割出しとは主軸にあけられた等分分割穴，又は主軸に取り付けられた直接割出し板にあけられた等分分割穴を用いて行う割出しで，間接割出しは，ウォーム軸又は割出し軸に取り付けられた等分分割穴を用いて行う割出しである。これには単式割出しと差動割出しとがある。

割出し台はセンタ作業のほか，三方づめのミーリングチャック（旋盤用のスクロールチャックより小形）による作業も行うことができる。

図１―26に万能割出し台の主軸台，また図１―27に万能割出し台の心押し台の，それぞれ各部の名称を示す。

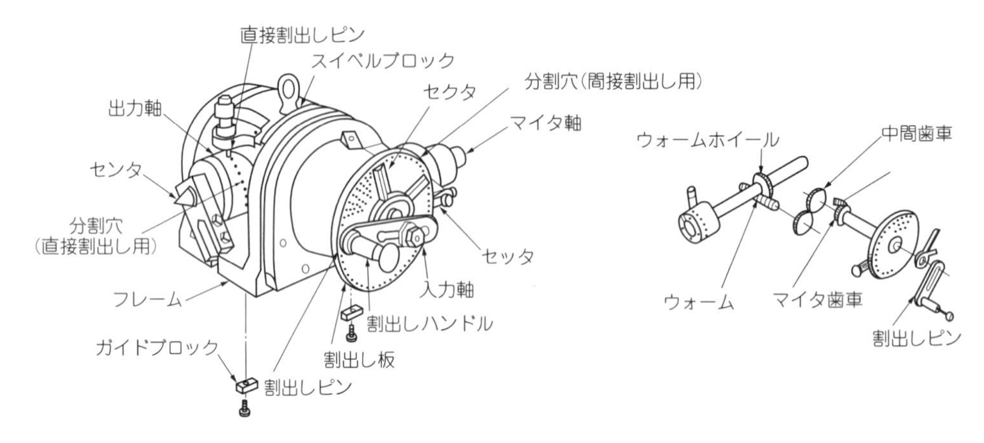

図１－26　万能割出し台の主軸各部の名称

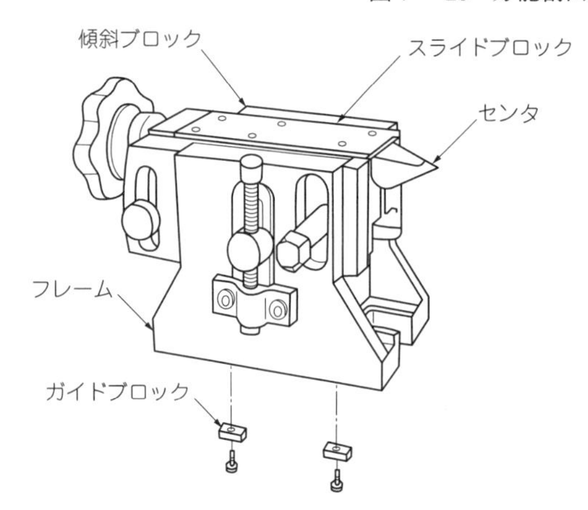

図１－27　万能割出し台用心押し台の各部の名称

表１－４　割出し台の大きさ　（単位mm）

呼び寸法	振り	主軸高さ
200	200	110
250	250	135
300	300	160
350	350	185

割出し台の大きさは，表１―４のようにその振りを呼び寸法で表す。

また，主軸端のテーパは表１―５のように規定している。

表１－５　割出し台主軸端テーパ

割出し台の呼び寸法	主軸端のテーパ
200	$\frac{7}{24}$テーパ40番又はモールステーパ３番
250	$\frac{7}{24}$テーパ40番又はモールステーパ４番
300	$\frac{7}{24}$テーパ50番又はモールステーパ５番
350	$\frac{7}{24}$テーパ50番又はモールステーパ６番

〔備考〕(1)　$\frac{7}{24}$テーパは，JIS B 6101による。

(2)　モールステーパは，JIS B 4003による。

割出し台の構造略図を図1—28に示す。割出し台主軸に歯数40枚のウォーム歯車が取り付けてある。このウォーム歯車に1条のウォームがかみ合い，ウォーム軸はクランクによって回される。したがって，クランクを1回転させれば主軸は$\frac{1}{40}$回転する。クランクのところには，回転数を決めるため，サークル上にいろいろな数に等分された小穴をもつ割出し板が取り付けてある。この割出し板にはブラウンシャープ形，シンシナチ形，ミルウォーキ形があり，表1—6に示すようにそれぞれ異なった穴数をもっている。また割出し台主軸の先端には，等距離に24個の穴をあけた直接割出し板がついている。なおミルウォーキ形だけは回転比が5：1である。しかし，この形はあまり使用されていない。

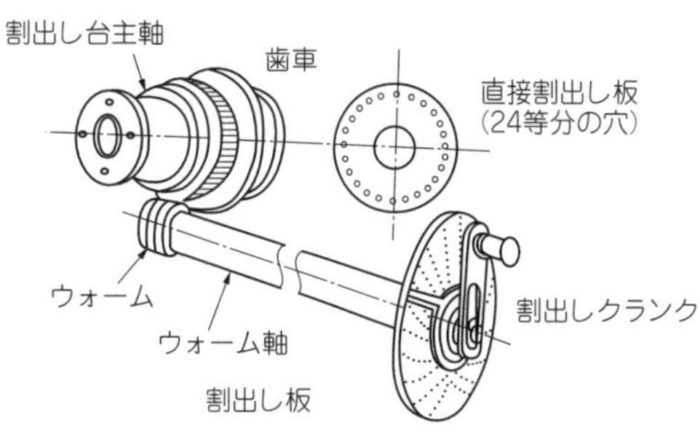

図1－28　割出し台の作用説明図

表1－6　割出し板のサークルの穴数

ブラウンシャープ形	No. 1	15	16	17	18	19	20					
	No. 2	21	23	27	29	31	33					
	No. 3	37	39	41	43	47	49					
シンシナチ形	表面	24	25	28	30	34	37	38	39	41	42	43
	裏面	46	47	49	51	53	54	57	58	59	62	66
ミルウォーキ形	表面	100	96	92	84	72	66	60				
	裏面	98	88	78	76	78	58	54				

（a）　直接割出し法

最も簡単な割出し法で，割出し台主軸の先端に付いている直接割出し板を用いる。直接割出し板には，等距離に24個の穴があいているから，24を整数で割り切る数が割り出せる。例えば8等分するには$\frac{24}{8}=3$で，穴を3穴ずつ進めていけばよい。

（b）　単式割出し法

図1—29に示すように，クランクのところについている割出し板を使用して，数を割り出す方法で，$n=\frac{40}{N}$の公式(nはクランクの回転数，Nは割り出す数)から，クランクの回転数と割出し板の穴数を選ぶ。これを使って，7等分するには，$n=\frac{40}{7}=5\frac{5}{7}$で，クランクを5回転と$\frac{5}{7}$回せば$\frac{1}{7}$が割り出せる。$\frac{5}{7}$回転させるために割出し板を使用し，シンシナチ形ならサークル28穴を20（$\frac{5}{7}=\frac{20}{28}$)，ブラウンシャープ形ならサークル21穴を15ずつ送れば$\frac{5}{7}$回ったことになる（$\frac{5}{7}=\frac{15}{21}$)。

このサークル穴を適当数送るために，付属のセクタの開きを加減しておけば，クランクを所要回転させたところで，セクタの一端を当て，クランクをセクタの他端の穴に合わせることにより，所要の穴数を送ることができる。

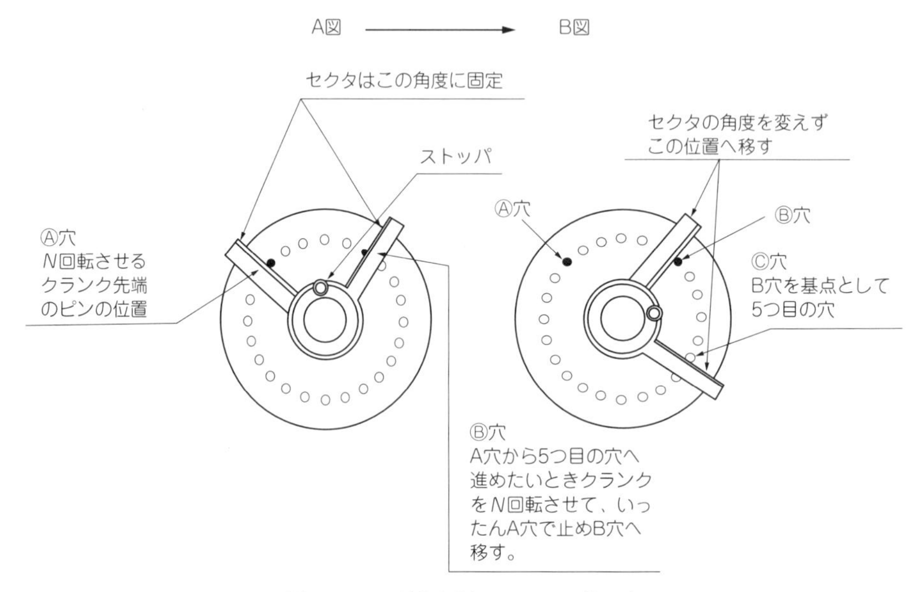

図１－29　割出し板のセクタの使い方

（ｃ）　差動割出し法

最も複雑な割出し法で，掛換え歯車で割出し板を差動させながら割り出す方法である。図１—30はブラウンシャープ形割出し台の内部機構を示したもので，クランクＡを回すと，ウォーム歯車装置で主軸Ｄが回り，品物に回転が伝わると同時に，主軸他端より換え歯車Z_d，Z，Z_fを経て割出し板を回すことになる。この回転する割出し板を基準に，クランクを適当数回転させるのである。換え歯車としては24，28，32，40，44，48，56，64，72，86，100の11枚が付属している。

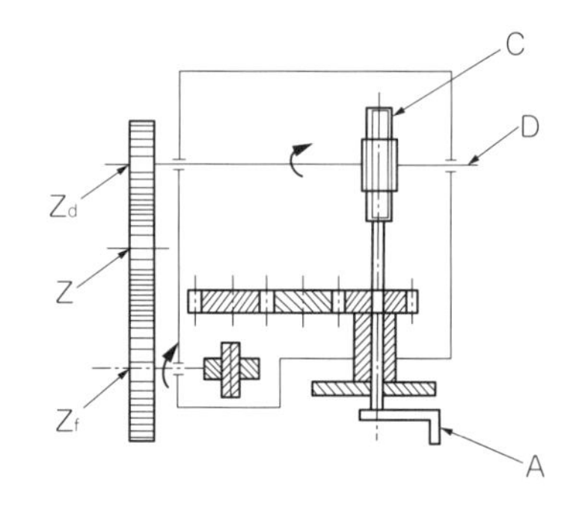

図１－30　差動割出し台の内部機構

換え歯車の決定は次の式による。

$$\frac{40\ (N'-N)}{N'}=\frac{Z_d}{Z_f}\ （2段掛け）又は\ \frac{Z_d}{Z_1}=\frac{Z_2}{Z_f}\ （4段掛け）$$

ただし，Nは割出し数，N'は適当に選んだ数である。

［例１］233等分。

これは単式では割出しできないので，これに近い割出しできる数，例えば,$N'=240$を選ぶ。

$\frac{40}{N'}=\frac{40}{240}=\frac{1}{6}=\frac{3}{18}$，すなわち，１番板の18穴を３穴回す。次に換え歯車は，

$$\frac{40\ (N'-N)}{N'}=\frac{40\ (240-233)}{240}=\frac{40\times7}{240}=\frac{7}{6}=\frac{7\times8}{6\times8}=\frac{56}{48}=\frac{Z_d}{Z_f}$$

となり，中間歯車は回転数に無関係であるから，適当なものを入れる。

［例2］257等分

$N'=245$を選ぶ。$\frac{40}{N'}=\frac{40}{245}=\frac{8}{49}$（3番板）

$$\frac{40\ (N'-N)}{N'}=\frac{40\ (245-257)}{245}=\frac{40\times-(12)}{245}=\frac{-96}{49}=-\frac{16}{7}\times\frac{6}{7}$$

$$=-\frac{16\times4}{7\times4}\times\frac{6\times8}{7\times8}=-\frac{64}{28}\times\frac{48}{56}=-\frac{Z_d}{Z_1}\times\frac{Z_2}{Z_f}$$

上式中マイナスは，割出し板がクランクと反対方向に回ることを意味するから，適当に中間歯車を入れて反対方向に回るようにする。

ねじれ刃フライス，ねじれぎり（ドリル）やはすば歯車などを，テーブル上の万能割出し台に取り付け，テーブル送りねじと割出し台歯車軸との間に掛換え歯車を掛ける（図1—31)。万能フライス盤の場合は，テーブル（横フライス盤では取り付けた万能フライス削り装置）をねじれ角だけ旋回し（図1—32)，工作物に回転を与えながらテーブルを送ると，ねじれ溝が切れる。

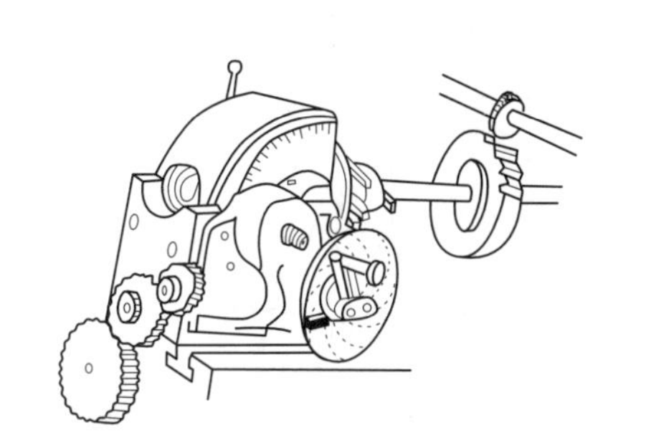

図1－31　万能割出し台の駆動

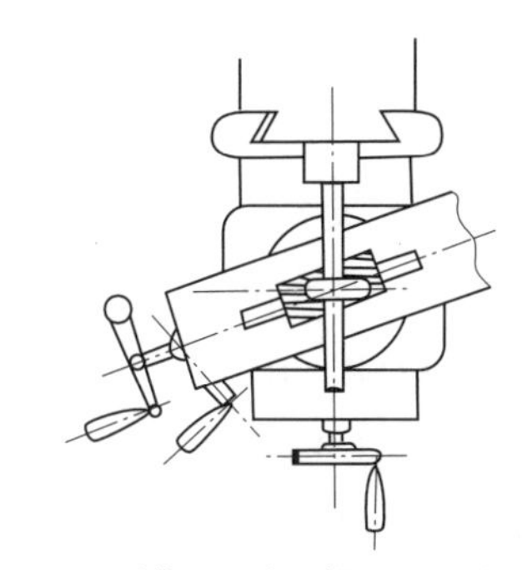

図1－32　万能フライス盤のテーブルの旋回

テーブルを送ると同時に，一定の割合で工作物を回すために，取り付ける掛換え歯車の歯数をf・h（mは中間歯車）とすれば，次式で歯数が計算できる。2枚掛けでできなければ，4枚掛けにする。

$$\frac{f}{h}=\frac{L}{S\times R}$$

ただし，L＝工作物のリード，S＝送りねじのピッチ，R＝割出し台定数（シンシナチ，ブラウンシャープは40）。

［例3］ピッチ5mmの送りねじをもつフライス盤で，外径50mmの丸棒に，リード280mmのねじれ溝（$\theta=29°18'$）を切るときの掛換え歯車の計算は（ブラウンシャープ形を使う)。

$$\frac{f}{h} = \frac{L}{S \times R} = \frac{280}{5 \times 40} = \frac{7}{5} = \frac{56}{40}$$

となり，

f ＝56，h＝40である。

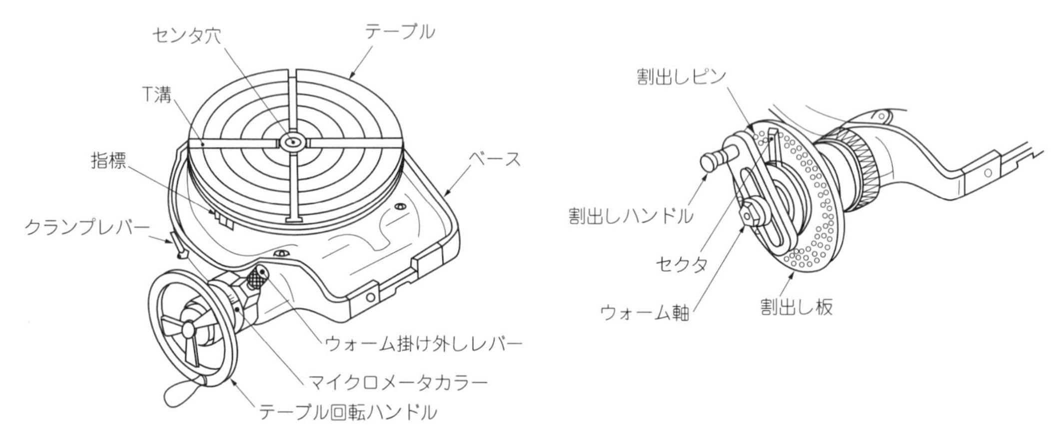

図１－33　割出し円テーブルの各部の名称①

b．円テーブル

円テーブルは，工作物を取り付けたテーブルが，ハンドル操作によって水平に旋回するもので，その外周には角度目盛をもち，バーニヤが付いている。したがって微細な角度調整や割出しができる。また工作物を旋回させながら切削加工を行うことによって，円筒状の工作物の加工もできる。

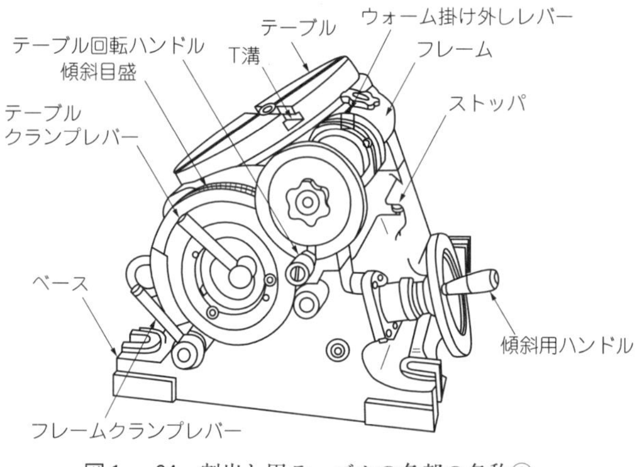

図１－34　割出し円テーブルの各部の名称②

この円テーブルに，割出し台と同様に割出し板とセクタを取り付けたものや，さらにイケール付きで，水平にも垂直にも旋回でき，かつ，割出し板とセクタを取り付けたものもある。図１―33，34に割出し円テーブルの各部の名称を示す。

c．万　　力

万力は図１―35に示すような形状で，精度によって１級と２級がある。

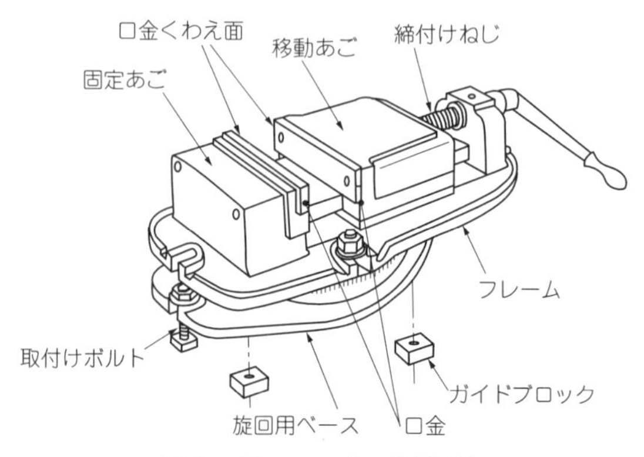

図１－35　フライス盤用万力

万力は水平に旋回できるように旋回台をもち，その周囲には360度の角度目盛が刻んであるから，所要の角度で加工ができる。

小さな工作物は，フライス盤のテーブルに直接取り付けることなく，この万力によってしっかりと固定する。

d．アングルプレート（傾斜台）

万力に取り付けられないような少し大きな工作物で，しかも角度をもつ工作物の加工には，図１―36に示すようなアングルプレートを使う。これは角度目盛はないが，けがきを行った工作物であれば，角度の調整をしながら，心出しを行うことは容易である。しかしアングルプレートの中には，角度目盛をもったものもある。

図１－36　アングルプレート

（２）　主軸の方向を変える装置

a．万能フライス装置

横フライス盤あるいは万能フライス盤のコラムに取り付けて，主軸の方向を垂直から水平までの間の任意の方向に向けることができる便利なものである。図１―37にその使用例を示す。万能フライス装置の中には，その中に増速装置を組み込んで，主軸の回転速度よりも高速回転ができるようにしたものもある。

この装置を取り付けると，横フライス盤で立てフライス盤の作業もできる。

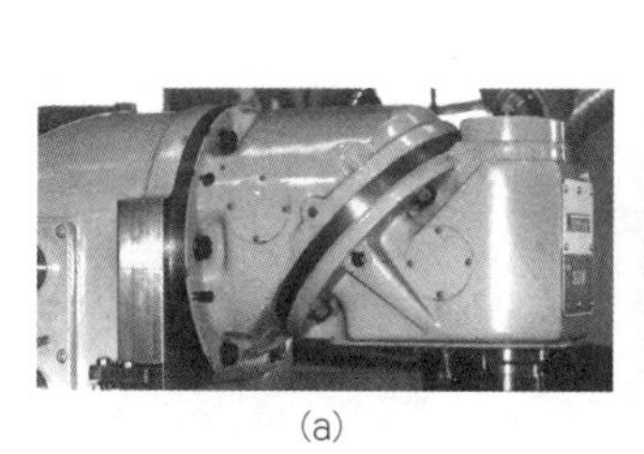

(a)

(b)

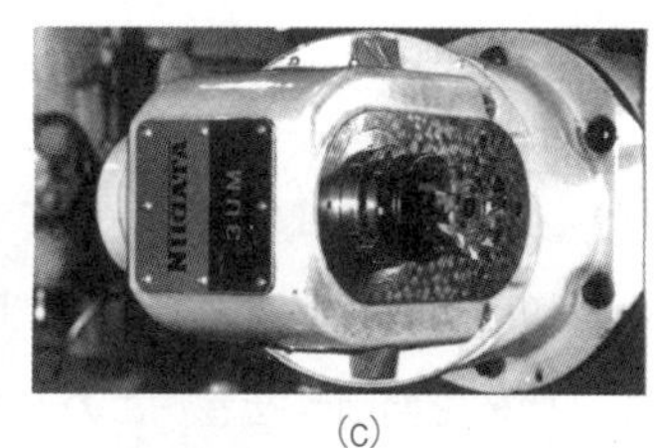

(c)

図１－37　万能フライス装置の使用例

b．立て削り装置

図１―38に示すような形状で，横フライス盤のコラムに取り付ける。クランク軸は主軸と連結して回転するので，クランクピンに接続しているクランクアームによって，しゅう動ラムが上下運動を行うので，バイトを付けたバイトホルダを取り付ければ，立て削りを行うことができる。

このラムの方向は垂直面のほかに，左右90度まで旋回できる。またストロークはクランクピンの位置を，調整ねじで調整する

図１－38　立て削り装置

ことによって変えることができる。

c．バーチカルアタッチメント

a．に述べた万能フライス装置とは異なり，横フライス盤の主軸の方向を垂直にして，立てフライス盤の作業ができるようにする装置である（図1—39）。

図1－39　バーチカルアタッチメント

（3）　寸法読取り装置

高精度を要する加工を行うときには，工作物と切削工具刃先との関係位置を正確に読み取ることができると便利である。

このような目的でフライス盤に，電気的に位置を測定し表示する装置を付加したものもある（図1—40）。

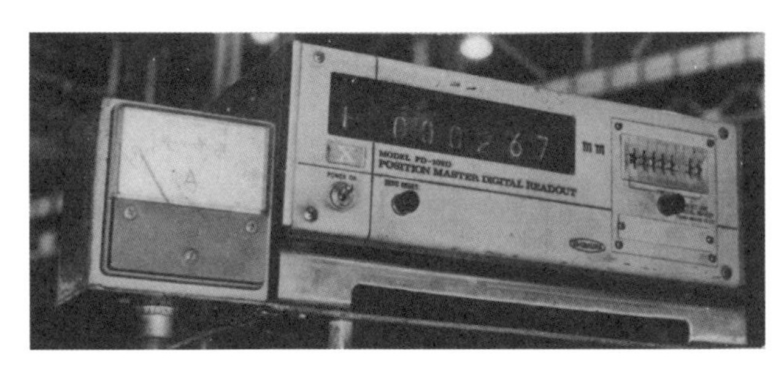

図1－40　位置表示装置

2．4　数値制御装置

（1）　数値制御装置とは

工作機械による加工は，一般に，次のような作業工程に従って行い，工作物を所定の寸法形状に仕上げる。

① 図面を読む。

② 工作物を機械に取り付けて心を出す。

③ 切削工具を準備して機械に取り付ける。

④ 機械を始動させる。このとき速度を設定する。

⑤ 切削工具の刃先を工作物の所定の位置に動かす。

⑥ 送りを与えて切削する。

⑦ 切削の1工程が終れば切削工具を戻し，機械の運転を停止する。

⑧ 寸法を測定する。

⑨ 刃先位置を修正（切込みを深く又は浅く）して，ふたたび機械を始動して送りを与えて切削する。

⑩ ⑦～⑨の工程を数回繰り返す。

⑪ 加工が完了すれば工作物を機械から取り外す。

手動の工作機械ではこれらすべての工程について，人手を要したのであるが，半自動あるいは全自動の工作機械は，これらの工程のすべて，あるいはある部分を人手をかけずに機械によって行わせようとしたものである。しかし，こうした工作機械は，加工する工作物に一定の制約があるため，専用機として使われることが多い。

専用機でなく，しかも全自動工作機械のように加工できないかという要望にこたえて発達したのが数値制御工作機械（ＮＣ工作機械ともいう）である。数値制御工作機械は，作業者が従来行ってきた手による作業の大部分を，ＮＣ（数値制御の意味）化することにより，作業の自動化を図ったものであり，生産現場における工作機械のＮＣ化は著しく進展した。

数値制御工作機械は単体でも生産の自動化に貢献しているが，複数台の数値制御工作機械は工具や工作物の自動搬送機などと組み合わせることにより自動生産システムの構築に大いに貢献している。図１―41に複数台の数値制御工作機械による全自動生産システムの例を示す。

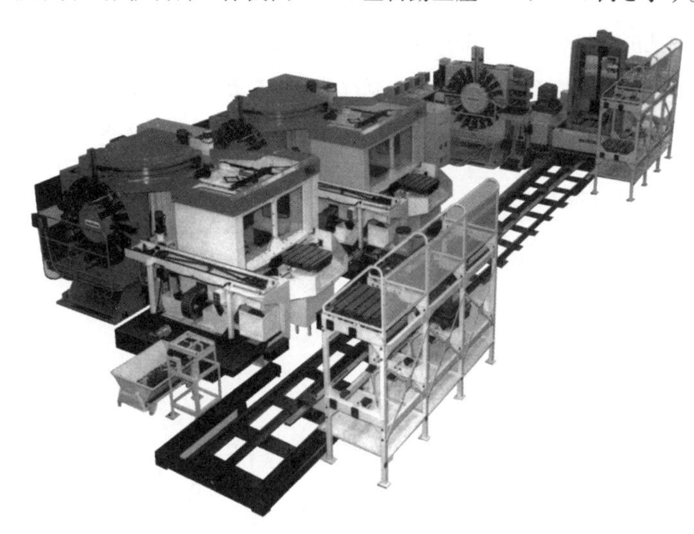

図１－41　数値制御工作機械による全自動生産システム

（２）　数値制御の原理

数値制御フライス盤における自動制御とは，工作物や工具の位置決めを行うことと，切削条件に従った切削速度，切込み及び送りをもって，切削加工を自動的に行うことである。

フライス盤で主として使う切削工具はフライスである。このフライスの運動の軌跡は，工具と工作物の相対的な位置関係によって合成される。図１―42ａのような加工曲線を得たいとき，数値制御によって，球状工具をｂのような軌跡に制御することにより加工できる。

図１―42のように連続的に変化する動きを制御することを輪郭制御という。

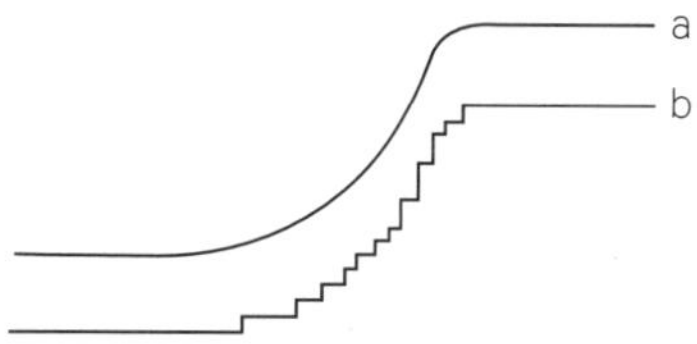

a
b

図１－42　フライスの軌跡

これに対してボール盤の穴あけ位置へドリルの中心を合わせるように，切削工具の位置決めだけを行う制御を位置決め制御という。

次に始動，停止，切削速度，切込み，送りなどは，人手に代わる電気的な指令あるいは信号を受けた機械自体が動くことによって自動運転が行われるのである。

数値制御フライス盤はこのように，フライス盤の内部に電気的な指令に応じて作動する部分を持ち(これをサーボ機構という)，その指令を作成する部分と，それを電気信号にかえる部分より構成される。

(3) 数値制御の実際

数値制御フライス盤は次のような手順を経て加工が行われる。

a．プログラミング

図面に基づき，加工方法や工程を決定し，正面削り，溝削り，段削り，穴あけ，タップ立てなどの工程に応じた工具を選定する（これをツーリングという)。

さらに送り，切削速度(回転速度)，工具番号，補助機能などを決め，これをもとに，フライスの位置を座標値で表すための座標系とその座標系原点を設定しカッタパス図(図1—43)，加工手順票(図1—44)，ツールリスト（図1—45)，プロセスシート（図1—46）などを作成する。

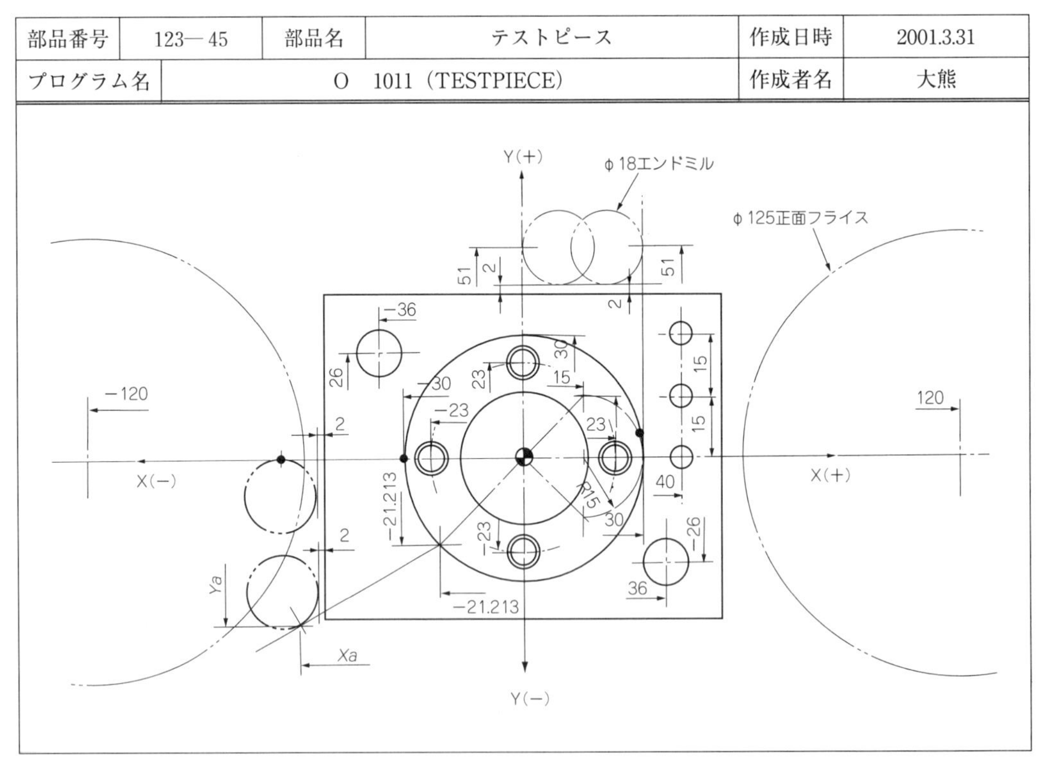

部品番号	123— 45	部品名	テストピース	作成日時	2001.3.31
プログラム名	O 1011（TESTPIECE）			作成者名	大熊

図1 — 43 カッタパス図

部品番号	１２３―４５	部品名	テストピース	作成日時	2001.3.31
プログラム名	O　1011（TESTPIECE）			作成者名	大熊

No	シーケンス番号	加　工　名	使用工具名			切削条件		
			工具番号	工具長	工具径	S機能	F機能	切込み
1	N 11	平面荒加工	正面フライス（φ125）			v=90m/min	f=0.2mm/刃	2.5mm
			T 01	H 01	D ✓	S 240	F 300	
2	N 12	φ32穴，φ12リーマのセンタ穴加工	センタドリル（φ2）			v= ✓	f= ✓	
			T 02	H 02	D ✓	S 1000	F 100	
3	N 13	φ32下穴，φ12リーマの下穴加工	ドリル（φ11.5）			v=20m/min	f=0.2mm/rev	
			T 03	H 03	D ✓	S 550	F 110	
4	N 14	φ32下穴加工	ドリル（φ30）			v=25m/min	f=0.3mm/rev	
			T 04	H 04	D ✓	S 280	F 85	
5	N 15	3－φ6キリ	ドリル（φ6）			v=20m/min	f=0.2mm/rev	
			T 05	H 05	D ✓	S 1100	F 220	
6	N 16	φ60穴，溝の荒加工	エンドミル（φ18，2刃）			v=20m/min	f=0.15mm/刃	5mm
			T 06	H 06	D 26	S 370	F 110	
	N 17					v=20m/min	f=0.15mm/rev	
				H 07	D ✓			

図１－44　加工手順票

部品番号	１２３―４５	部品名	テストピース	作成日時	2001.3.31
プログラム名	O　1011（TESTPIECE）			作成者名	大熊

No	工具番号	工具名	工具形状とツールホルダ	工具長／工具径	備　考
1	T 01	正面フライス（φ125,6刃）	フェイスミルアーバ φ125 H01	H01＝ D ✓ ＝ ✓	N11 －平面荒加工 N19 －平面仕上げ加工
2	T 02	センタドリル（φ2.60°）	ドリルチャック 60° 3 φ2 H02 （拡大図）	H02＝ D ✓ ＝ ✓	N12 －センタ穴加工 （φ32穴及び φ12リーマ）
3	T 03	ドリル（φ11.5）	コレットチャック コレット φ11.5 H03	H03＝ D ✓ ＝ ✓	N13 －φ32下穴 φ12リーマ下穴加工 N24 －φ6，M8の 面取り加工

図１－45　ツールリスト

部品番号	１２３―４５	部品名	テストピース	作成日時	2001.3.31
プログラム名		O　1011（TESTPIECE）		作成者名	大熊

No	プ　ロ　グ　ラ　ム	備　　考
1	Ｏ１０１１（ＴＥＳＴ　ＰＩＥＣＥ）；	プログラム番号
2	Ｎ１０；	初期設定
3	Ｇ１７Ｇ９０Ｇ４０Ｇ８０Ｇ４９；	・モーダルなＧ機能のキャンセル
4	Ｔ０１；	・主軸工具呼び出し
5	Ｍ０６；	・最初に使用する工具を主軸に装置
6	Ｎ１１（Ｒ－ＦＡＣＥＩＬＬ）；	平面荒加工プログラム
7	Ｔ０２；	・次工具呼出し
8	Ｇ９０Ｇ５４Ｇ００Ｘ１２０．０Ｙ０Ｓ２４０；	・座標系設定，主軸回転
9	Ｇ４３Ｚ１００．０Ｈ０１Ｍ０３；	・工具長補正
10	Ｚ０．５；	・切込み
11	Ｇ０１Ｘ－１２０．０Ｆ３００；	・切削
12	Ｇ００Ｚ１００．０Ｍ０５；	・主軸停止
13	Ｇ９１Ｇ２８Ｚ０；	・原点復帰（Ｚ軸）
14	（Ｇ４９；）	
15	Ｇ２８Ｘ０Ｙ０；	・原点復帰（Ｘ，Ｙ軸）
16	Ｍ０６；	・工具交換

以下省略

図１－46　プロセスシート

プロセスシートには次のようなことを数字と記号で，順を追って記入する。

シーケンス番号…Ｎ　ＮＣプログラム上のブロック又はブロックの集まりの相対的位置を指示するための番号で，地図の上での番地の表示のようなものである。ブロックとは数字や符号で構成されるいくつかの機械的言語の集まりで通常は１行分を１ブロックとする。

準備機能…Ｇ　機械にどのような動作をするのか，その準備を指令する機能で，Ｇ00からＧ99までの種類が得られる。一般によく使用されるＧ指令を表１―７に示す。

表１－７　　よく使用されるＧ指令（JIS B 6315―２：1998抜粋）

コード	機　　能	機能の意味
G00	位置決め	指令した位置へ早送りで移動させるモード。
G01	直線補間	一様なこう配又は制御軸に平行な直線運動を指定する制御モード。
G02	円弧補間（時計方向）	一つ又は二つのブロック内の情報によって，工具の運動を円弧に沿うように制御する輪郭制御モード。
G03	円弧補間（反時計方向）	
G04	ドウェル	プログラムされた時間だけ次のブロックに入るのを遅らせるモード。
G17 G18 G19	主基準面の選択	同時に２軸を動作させる円弧補間や工具径補正などを行わせる面を選択するモード。
G33	一定リードねじ切り	一定リードのねじ切りモード。
G34	可変リードねじ切り	一様に増加するリードのねじ切りモード。
G35	可変リードねじ切り	一様に減少するリードのねじ切りモード。
G40	工具径補正キャンセル	前に与えられた工具径補正をキャンセルする指令。
G41	工具径補正－左	工具の相対的な運動方向に向かって加工面の左側を工具中心が通るような工具径補正。
G42	工具径補正－右	工具の相対的な運動方向に向かって加工面の右側を工具中心が通るような工具径補正。
G43	工具オフセット正	工具オフセットの値を関連するブロックの座標値に加えることを指令する。 工具長の補正に用いる。
G44	工具オフセット負	工具オフセットの値を関連するブロックの座標値から差し引くことを指令する。 工具長の補正に用いる。
G49	工具オフセットキャンセル	前に与えられた工具オフセットをキャンセルする指令。
G53	機械座標系選択	機械原点に関して機械上に固定された直交座標系を選択する。
G54 ～ G59	ワーク座標系選択	工作物に定められた複数の直交座標系から選択する。
G63	タッピング	タッピング加工の指令。
G70	インチデータ	インチデータを入力するモード。
G71	メトリックデータ	メトリックデータを入力するモード。
G74	原点復帰	そのブロックで指定された軸を原点に動かすのに使用する。
G80	固定サイクルキャンセル	G81～G89の機能をキャンセルする指令。
G81 ～ G89	固定サイクル	中ぐり，穴あけなどの加工を行うために，あらかじめ定められた一連の作業動作を実行させる命令。
G90	アブソリュートディメンション	ブロック内の座標値を絶対座標で与える指令。
G91	インクレメンタルディメンション	ブロック内の座標値を相対座標で与える指令。
G92	座標系設定	プログラムされたディメンションワードによって，座標系を修正又は設定する指令。
G94	毎分当たり送り	送りの単位を毎分当たりミリメートル（インチ）として与える指令。
G95	主軸１回転当たり送り	送り量の単位を主軸１回転当たりのミリメートル（インチ）として与える指令。
G96	定切削速度	主軸機能（Ｓ機能）のデータを毎分当たりのミリメートル（インチ）で表された切削速度であることを示す指令。
G97	毎分当たり回転数	主軸速度の単位を，毎分当たりの回転数として与える指令。

座標値　図１―47のように，工作機械においては主軸の長手方向をＺ軸とすることになっているので，フライス盤におけるフライス位置を表すときは，フライスの移動軸をＺ軸，工作物の左右，前後の移動軸をＸ軸，Ｙ軸とし，Ｘ，Ｙ，Ｚに続く数字でフライス位置を表す。

Ｘ，Ｙ，Ｚの座標値で表されたフライス位置は設定した座標系の絶対位置（アブソリュート）を示しており，この指令方法をアブソリュート指令という。一方，フライスの移動開始点からの距離を指令する場合もあり，この場合は座標値の増分値をＸ，Ｙ，Ｚに続く数字で指令する。これをインクレメンタル指令という。なお，アブソリュート指令とインクレメンタル指令の切り換えは準備機能の指令によって行う。

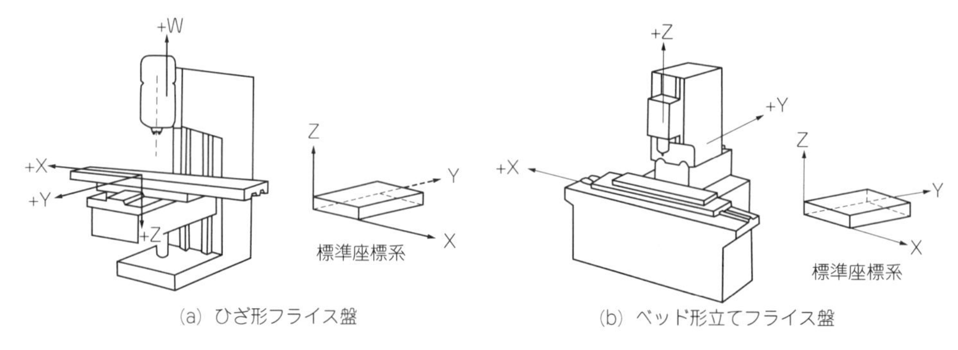

図１－47　フライス盤の座標軸

また，円弧の中心点を座標で示すときは，Ｉ，Ｊ，Ｋを用いる。

Ｘ，Ｙ，Ｚなどに続く数字は，その単位がmm又は角度であり，小数点以下第３桁まで表示できる。

送り速度…Ｆ　送り速度（mm／rev又はmm／min）を記入する。

主軸機能…Ｓ　主軸の回転数をmin^{-1}又はrpm単位で記入する。2桁コードで記入する場合もある。

諸機能　これは工具機能（Ｔ）及び補助機能（Ｍ）からなっていて，一般に２桁の数字コードで表す。

工具機能はセットする工具のコードを記入する。

補助機能は主軸の回転方向，注油，工具の運動方向などのように，ＮＣでなければ手動で行う操作に相当するものである。一般によく使用されるM指令を表１―８に示す。

以上これらのプログラミングについては，JIS B 6315―２によって，その基本が定められている。一方，各製品や製造元ごとに特徴を出すための各種の方法がある。使用する数値制御フライス盤のプログラミングについて，よく理解しておくことが必要である。

表１－８　　よく使用されるＭ指令（JIS B 6315－２：1998抜粋）

コード	機　　　能	機能の意味
M00	プログラムストップ	プログラムの運行を中断させる指令。
M01	オプショナルストップ	この機能を有効にするスイッチをあらかじめ入れておけば，プログラムストップと同様の機能を果たす指令。
M02	エンドオブプログラム	加工プログラムの終りを示す指令。
M03	主軸時計方向回転	主軸を正転させる指令。
M04	主軸反時計方向回転	主軸を逆転させる指令。
M05	主軸停止	主軸を停止させる指令。このときクーラントも停止する。
M06	工具交換	工具交換を実行させるための指令。
M07	クーラント２	クーラント（ミスト）開始の指令。
M08	クーラント１	クーラント開始の指令。
M09	クーラント停止	クーラント停止。
M10	クランプ１	機械のクランプ１のクランプ。
M11	アンクランプ１	機械のクランプ１のアンクランプ。
M19	主軸オリエンテーション	決められた角位置に主軸を停止させる指令。
M30	エンドオブテープ	加工プログラムの終りを示す指令。
M50	クーラント３	クーラント（未指定）開始の指令。
M51	クーラント４	クーラント（未指定）開始の指令。
M60	工作物交換	工作物を必要に応じて取り外し又は方向を変える指令。
M68	クランプ２	機械のクランプ２のクランプ。
M69	アンクランプ２	機械のクランプ２のアンクランプ。
M78	クランプ３	機械のクランプ２のクランプ。
M79	アンクランプ３	機械のクランプ２のアンクランプ。

プロセスシートを作るためには，はじめに述べたように，図面を十分に検討して，工程順序，加工法，工具などを設定するとともにフライスや工作物の位置と軌跡すなわち寸法を決定しなければならない。

このフライスや工作物の軌跡は，複雑な形や曲線を加工する場合には，コンピュータによって計算を行うほうが早く，かつ正確にできる。さらにプログラミングをコンピュータで行うことも広く行われている。

このようにして作成したプログラムは，このままではまだ機械に指令を与えることはできない。機械に指令を与えるためには，プロセスシートに記入したプログラムを，数値制御装置のデータ保管機能（メモリー）に入力する。入力の方法としては，数値制御装置のキーによって直接データ入力を行ったり，パソコンなどに入力したデータを数値制御装置に転送する方法がある。

b．工作物を数値制御フライス盤に取り付ける

これは通常のフライス盤作業と同様で，バイスや各種の取付け具を利用してテーブルに取り付ける。

c．工具（ツーリング）の設定

数値制御フライス盤による加工を効率よく行うためには，このツーリングが重要な要素である。

最近の数値制御フライス盤は工具自動交換装置を備えたものが多くなり，この点で，さらに回転テーブルや工作物自動交換装置をもつマシニングセンタと区別しにくくなっている。しかし，使用するフライスやそれを保持するフライスホルダなどツーリングシステムとして管理することはいずれの場合でも重要になる。図１—48に自動工具交換装置，また図１—49にツーリングシステム例を示す。

図１－48　自動工具交換装置

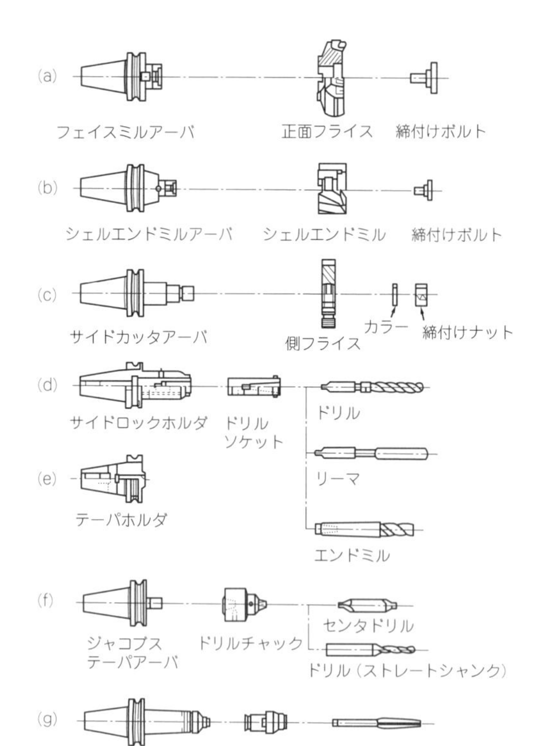

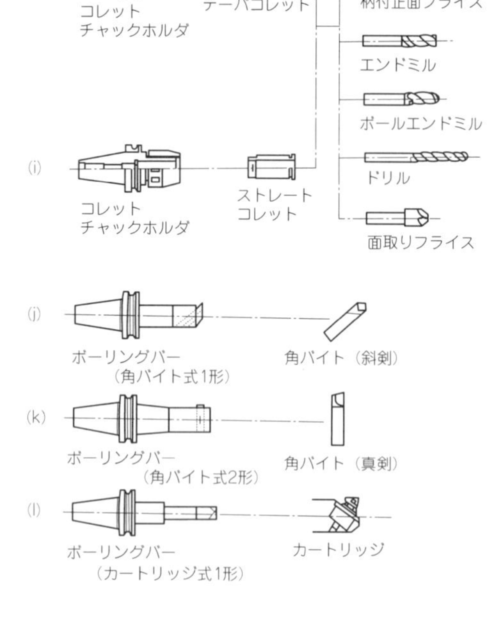

図１－49　ツーリングシステム例

d．プログラムデータ入力

まず，作成したプログラムを数値制御装置に入力する。データを直接キー入力する方法，他のデータ機器（フロッピー装置やパソコンなど）からデータ入出のための通信機能（一般的には，ＲＳ－232Ｃ）を用いる方法がある。

データをキー入力する場合には，操作盤の表示画面を見ながらキーを使って入力する。この場合，データの修正も容易に行うことができる。入力されたデータは数値制御装置内のメモリーに保管される。図１—50に操作盤を示す。

図１－50　操作盤

e．数値制御フライス盤の起動

上記プログラムデータの入力が終了すると，スタートボタンを押すことによって加工を開始する。

第３節　フライス盤の精度検査及び運転試験

3．1　検査の必要性

どのような工作機械であっても，どんなに精度よく製造されていても，据付け方法が正しくなければ，その工作機械の性能を発揮することはできない。例えば床の上に置いただけのフライス盤で作業を行ったらどうなるかを考えてみれば，その結果は自明の理である。

正しい据付けとは，

①　しっかりした基礎の上に据え付ける。

②　ベッドのねじれがないように調整する（ベッドはねじれを起こしやすい）。

③　ベッドの底面と基礎との間にくさびや敷板あるいはレベリングブロックを使って水平を正しく調整する。

このような点に細心の注意をはらって据え付けたフライス盤は，水平が正しく，曲がりやねじれのない状態になっているはずである。フライス盤は新しく購入したときはもちろん，更生修理や移動したりするときには必ず前述の注意を払って据え付けなければならない。

このように注意を払って据え付けたフライス盤であっても，使用しているうちに変化を起こしていることが多い。したがって定期的に厳重な検査点検を行って，所定の精度と性能を発揮できるようにしなければならない。

3．2　工作機械の試験方法

（1）　検査の種類

JIS B 6201は工作機械の運転性能，剛性試験に関する基本事項及びこれらの試験の試験方法に関する要項について規定している。

また，JIS B 6191は無負荷又は仕上げ条件で行う工作機械の静的精度及び工作精度の試験に共通する一般事項並びに試験方法について規定している。以下に各試験法の概略について述べる。

（2）　運転試験

運転試験は，工作機械の運転に必要な性能を試験するのを目的とし，機能試験，無負荷運転試験，負荷運転試験及びバックラッシ試験の4項目とする。

a．機能試験

機能試験は，数値制御によらない機能と数値制御による機能とについて試験を行う。

数値制御によらない機能試験は，手動によって各部を操作し，動作の円滑さ及び機能の確実さを試験する。数値制御による機能試験は，数値制御指令によって各部を動作させ，機能の確実さ及び作動の円滑さを試験する。機能試験は，目視又は触感によって行う。

b．無負荷運転試験

無負荷運転試験は，工作機械を所定の無負荷状態で運転し，その運転状態*，温度変化及び所要電力を試験する。

c．負荷運転試験

負荷運転試験は，工作機械を負荷状態で運転し，その運転状態と加工能力とを試験する。

d．バックラッシ試験

バックラッシ試験は，操作又は工作精度に著しい影響を及ぼすものについて試験する。

（3）　剛性試験

剛性試験は，工作精度に著しい影響を及ぼす部分に荷重を加えて，変形状態を試験する。

（4）　機械精度試験

機械精度試験は，工作機械を構成する重要部分の形状及び運動に関する精度を試験することを目的としている。

a．静的精度試験

静的精度試験は，工作機械を構成する重要部分の形状及び運動の幾何学的精度並びにユニット又は各部品の組立て精度のうち，工作精度に影響を及ぼすものについて試験するのを目的としている。

（注）＊運転状態とは，速度，行程の数及び長さ並びにそれらの表示との差，振動，騒音，潤滑，油密，気密などの状態をいう。

b．位置決め精度試験

位置決め精度試験は，工作機械の運動軸について，実際に停止した位置と目標位置との一致の程度を試験することを目的とし，自動停止装置の繰返し精度試験，微小送込み精度試験及び数値制御による位置決め精度試験の3項目について行う。

（5）　工作精度試験

工作精度試験は，仕上げ加工した工作物の精度を測定して，工作機械の仕上げ加工性能を試験することを目的としている。

3．3　フライス盤の試験及び検査方法

JIS B 6203ではひざ形横フライス盤の精度方法について，JIS B 6204では，ひざ形立てフライス盤の精度方法について，それぞれ規定している。

（1）　ひざ形立てフライス盤の試験及び検査方法

JISの規定によれば，運転試験には機能試験，無負荷運転試験，負荷運転試験，バックラッシ試験を行い，さらに剛性試験と機械精度検査として静的精度検査と工作精度検査を行うことになっている。

a．機能試験方法

機能試験は表1―9の事項について行う。

表1―9　　機能試験方法（JIS B 6204：1998）

試験事項	試験方法
主軸の始動，停止及び運転操作	適当な一つの主軸回転速度で正転及び逆転について始動，停止（制動を含む）を繰り返し10回行い，作動の円滑さと確実さとを試験する。
主軸回転速度の変換操作	表示のすべての回転速度について主軸回転速度を変換し，作動の円滑さと指示の確実さとを試験する。
送り速度の変換操作	テーブルのX軸方向送りについては表示の全送り，無断変速式のものは最低，中間及び最高の三つの送り速度について送り速度を変換し，作動の円滑さと指示の確実さとを試験する。テーブルのY軸方向，Z軸方向並びに主軸頭又は主軸スリーブのZ軸方向送りについては任意の一つの送りについて同様の試験を行う。
主軸頭又は主軸スリーブの手送り操作	手送りハンドルで主軸頭又は主軸スリーブを移動させ，動きの全長にわたって作動の円滑さと均一さとを試験する。また，動きの任意の一つの位置において微動手送りハンドルによって微動送りを行い，作動の円滑さと均一さとを試験する。
テーブルの手送り操作	手送りハンドルでテーブルをX軸方向，Y軸方向及びZ軸方向に移動させ，動きの全長にわたって作動の円滑さと均一さとを試験する。 なお，マイクロメータカラーの機能の確実さを試験する。
主軸頭又は主軸スリーブ機動送りの掛外し及び自動停止装置の操作	主軸頭又は主軸スリーブ機動送りの掛外しの作動の円滑さと確実さとを試験し，主軸頭又は主軸スリーブの自動停止装置の指令位置の設定及び作動についてそれぞれ円滑さと確実さとを試験する。

テーブルの機動送り及び早送り掛外し装置の操作	テーブルのX軸方向，Y軸方向及びZ軸方向の機動送り及び早送りについて，手動と自動による掛外しの位置の設定及び作動について，それぞれ円滑さと確実さとを試験する。
締付けの操作	テーブル，サドル，ニー及び主軸頭又は主軸スリーブの各締付け機構について，それぞれ動きの任意の一つの位置において締め付け，その確実さを試験する。
電気装置	運転試験の前後にそれぞれ1回絶縁状態を試験する。ただし，半導体などを使用した回路には適用しない。
安全装置	作業者に対する安全さと機械防護機能の確実さとを試験する（JIS B 6014工作機械の安全通則)。
潤滑装置	油密，油量の適正な配分など機能の確実さを試験する。
油圧装置	油密，圧力調整など機能の確実さを試験する。
附属装置	機能の確実さを試験する。
送りねじのバックラッシ除去装置	機能の確実さを試験する。

b．無負荷運転試験

この試験は主軸と送り関係について行う。

主軸関係では，主軸の最低速度から始め，各段階に対して運転し，引き続き最高回転速度で30～60分間運転を継続して，表1―10に示す主軸無負荷運転記録の各項目について測定する。また振動や騒音もこのときに観察する。

表1―10　主軸無負荷運転記録（JIS B 6204：1998)

番号	測定時刻 時・分	主軸回転速度　min^{-1}		温度　℃			所要電力（電源周波数　Hz)			記事
		表示	実測	主軸受		室温	電圧 V	電流 A	入力 kW	
				上	下					

送りの関係は最低，中間及び最高の3種類の送り速度と，早送りについて表1―11に示す送り無負荷運転記録の各項目を測定する。

表1―11　送り無負荷運転記録（JIS B 6204：1998)

番号	テーブルのX軸方向送り					テーブルのY軸方向送り					テーブルのZ軸方向送り					主軸のZ軸方向送り					記事
	送り速度 mm/min		所要電力 (電源周波数 Hz)			送り速度 mm/min		所要電力 (電源周波数 Hz)			送り速度 mm/min		所要電力 (電源周波数 Hz)			送り速度 mm/min		所要電力 (電源周波数 Hz)			
	表示	実測	電圧 V	電流 A	入力 kW	表示	実測	電圧 V	電流 A	入力 kW	表示	実測	電圧 V	電流 A	入力 kW	表示	実測	電圧 V	電流 A	入力 kW	

c．負荷運転試験方法

負荷運転試験は，切削動力試験，びびり試験，及び切削トルク試験を行って，所要電力を測定する。

切削動力試験は，高速切削において，所定の電力に耐えられることを試験し，びびり試験は切削の安定性を試験するもので，表1―12に示す切削動力試験条件で平面削りを行い，表1―14に示す切削動力試験記録に記録する。主軸用電動機が所定の電力に達する前にびびりによって切削が著しく困難になったときは，その切削条件で止める。

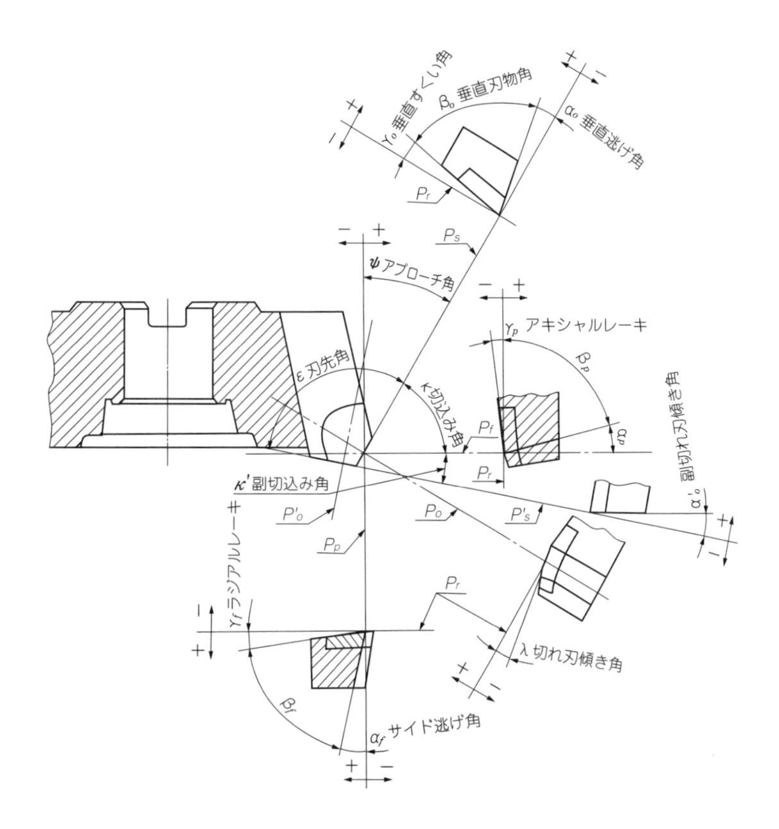

図1―51　工具刃先の名称

表1―12　切削動力試験条件

テーブルX軸方向移動量		500以下	500を超え1000以下	1000を超え1500以下
工　具		超硬正面フライス		
	工具径	特に規定なし	75～150（約）	150～200（約）
	形　状	表1―13超硬正面フライス工具形状に記録する。		
工 作 物	材　質	S45C		
	長　さ	テーブルX軸移動量の1/2	200～300	300～400
	幅	特に規定なし	50～90	90～120
切削方式		乾式切削		
切削速度		100m/min		
送 り 量		1刃当たり　0.05，0.1，0.2，0.3，0.4，0.5		
切込み深さ		1	2	3

表１－13　　超硬正面フライス工具形状（JIS B 6204：1998）

<table>
<tr><td colspan="8">超硬正面フライス</td><td rowspan="2">記事</td></tr>
<tr><td>直径
mm</td><td>刃数
（枚）</td><td>ラジアル
レーキ（度）</td><td>アキシャル
レーキ（度）</td><td>サイド逃げ角
（度）</td><td>副切れ刃逃げ角
（度）</td><td>アプローチ角
（度）</td><td>面取コーナ幅
mm</td></tr>
<tr><td></td><td></td><td></td><td></td><td></td><td></td><td></td><td></td><td></td></tr>
<tr><td></td><td></td><td></td><td></td><td></td><td></td><td></td><td></td><td></td></tr>
<tr><td></td><td></td><td></td><td></td><td></td><td></td><td></td><td></td><td></td></tr>
</table>

表１－14　　切削動力試験記録（JIS B 6204：1998）

<table>
<tr><td colspan="3">工作物の材料</td><td colspan="5"></td><td colspan="5">工具の直径</td><td colspan="3"></td><td colspan="2">刃数</td><td colspan="3"></td></tr>
<tr><td rowspan="3">番号</td><td colspan="7" rowspan="2">切削条件</td><td colspan="10">所要電力（電源周波数　Hz）</td><td rowspan="3">1kW当たりの切削量
cm³/min</td><td rowspan="3">びびり状態</td><td rowspan="3">記事</td></tr>
<tr><td colspan="5">主軸用電力</td><td colspan="5">送り用電力</td></tr>
<tr><td>主軸回転速度
（n）
min⁻¹</td><td>切削速度
（V_c）
m/min</td><td>切込み深さ
（a）
min</td><td>切削幅
（b）
mm</td><td>送り速度
（V_f）
mm/min</td><td>１刃当たりの送り
（S_z）
mm</td><td>切削量
cm³/min</td><td>電圧
V</td><td>電流
A</td><td>負荷入力
kW</td><td>無負荷入力
kW</td><td>切削動力
kW</td><td>電圧
V</td><td>電流
A</td><td>負荷入力
kW</td><td>無負荷入力
kW</td><td>送り動力
kW</td></tr>
<tr><td></td><td></td><td></td><td></td><td></td><td></td><td></td><td></td><td></td><td></td><td></td><td></td><td></td><td></td><td></td><td></td><td></td><td></td><td></td><td></td><td></td></tr>
<tr><td></td><td></td><td></td><td></td><td></td><td></td><td></td><td></td><td></td><td></td><td></td><td></td><td></td><td></td><td></td><td></td><td></td><td></td><td></td><td></td><td></td></tr>
<tr><td></td><td></td><td></td><td></td><td></td><td></td><td></td><td></td><td></td><td></td><td></td><td></td><td></td><td></td><td></td><td></td><td></td><td></td><td></td><td></td><td></td></tr>
</table>

切削トルク試験は，強力切削において，所定のトルクに耐えられることを試験するもので，表１—15に示す切削トルク試験条件で強力平面削りを行い，表１—16に示す切削トルク試験記録に記録する。

表１－15　　切削トルク試験条件

<table>
<tr><td colspan="2">テーブルＸ軸方向移動量</td><td>500以下</td><td>500を超え1000以下</td><td>1000を超え1500以下</td></tr>
<tr><td colspan="2">工　　具</td><td colspan="3">超硬正面フライス</td></tr>
<tr><td></td><td>工具径</td><td>150以上</td><td>150以上</td><td>200以上</td></tr>
<tr><td></td><td>形　状</td><td colspan="3">表１—13超硬正面フライス工具形状に記録する</td></tr>
<tr><td>工 作 物</td><td>材　質</td><td colspan="3">S45C</td></tr>
<tr><td></td><td>長　さ</td><td>テーブルＸ軸移動量の1/2</td><td>200～300</td><td>300～400</td></tr>
<tr><td></td><td>幅</td><td>特に規定なし</td><td>120以上</td><td>120以上</td></tr>
<tr><td colspan="2">切削方式</td><td colspan="3">乾式切削</td></tr>
<tr><td colspan="2">切削速度</td><td colspan="3">100m/min</td></tr>
<tr><td colspan="2">送 り 量</td><td colspan="3">１刃当たり　0.2，0.3，0.4，0.5</td></tr>
<tr><td colspan="2">切込み深さ</td><td colspan="3">1，2，3………</td></tr>
</table>

表1－16　　切削トルク試験記録（JIS B 6204：1998）

工作物の材料								所要電力（電源周波数　Hz）										トルク	記事
番号	切削条件							主軸用電力					送り用電力						
	主軸回転速度 (n) min^{-1}	切削速度 (V_c) m/min	切込み深さ (a) min	切削幅 (b) mm	送り速度 (V_f) mm/min	1刃当たりの送り (Sz) mm	切削量 cm^3/min	電圧 V	電流 A	負荷入力 (W) kW	無負荷入力 (W_o) kW	切削動力 ($W-W_o$) kW	電圧 V	電流 A	負荷入力 kW	無負荷入力 kW	送り動力 kW	(T) N・m	

なお電力計を用いて測定したときトルクは次式で求める。

$$T=\frac{9550\ (W-Wo)}{n}\ (\mathrm{N\cdot m})$$

ここに，W：負荷入力（kW）

Wo：無負荷入力（kW）

n：主軸回転速度（min^{-1}）

d．バックラッシ試験方法

バックラッシ試験には，主軸駆動系の総合バックラッシとテーブル送りねじ系のバックラッシの試験がある。

主軸駆動系の総合バックラッシは，主軸速度変換装置を最高及び最低速度に設定し，それぞれについて主軸の1回転に対し，1／3回転ごとの位置で行う。主軸を正逆方向にそれぞれに動かしたとき，元軸が回りはじめるまでの回転角の最大値を測定し，回転角度で表す。測定の具体的方法を図1—52に示す。

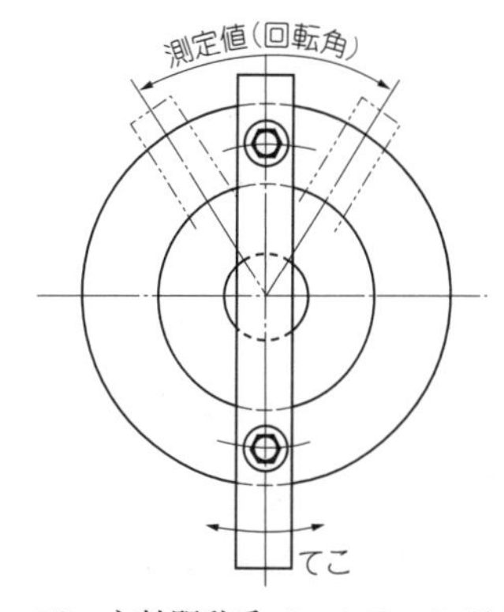

図1－52　主軸駆動系バックラッシ測定方法

テーブル送りねじ系のバックラッシは，テーブルのX軸方向及びY軸方向の送りねじを回し，テーブルが移動し始める位置からねじを逆転して，逆の向きに動きはじめるまでの手送りハンドルの回転角を測定する（図1—53）。

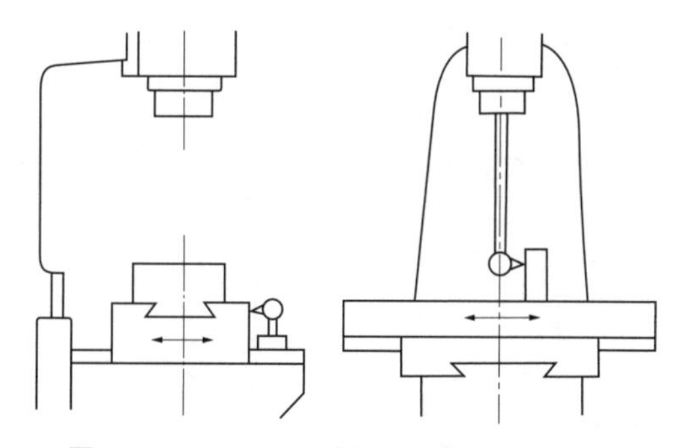
図1－53　テーブル送りねじ系バックラッシ

測定は少なくとも，動きの両端と中央の3箇所以上で行う。バックラッシ除去装置は原則として外した状態で測定を行う。バックラッシは測定した回転角とねじのピッチから計算して求める。

e．剛性試験方法

剛性試験は，主軸及びテーブルのＹ軸方向の剛性，主軸及びテーブルのＸ軸方向の剛性，主軸及びテーブルのＺ軸方向の剛性について行う。

主軸及びテーブルのＹ軸方向の剛性は，テーブルの各運動部を締め付けた状態とし，主軸に取り付けたアーバとテーブルとの間にＹ軸方向に荷重を加えたときの，主軸とテーブル上面との間の相対傾斜の変化を，Ｘ軸方向及びＹ軸方向について測定する。図１―54に測定方法を示す。加える荷重は表１―17に示す。

表１－17　加える荷重（JIS B 6204：1998）

主電動機の定格（kW）	荷重（N）
2.2	700
3.7	1200
5.5	1750
7.5	2450
11	3900
15	5900
19	8350
22	11300
26	14700

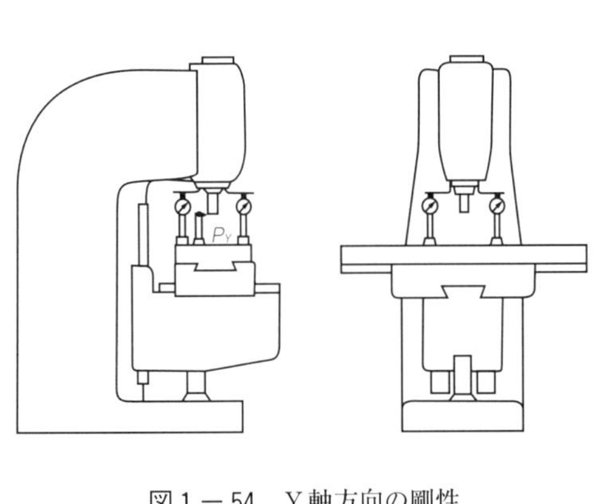

図１－54　Ｙ軸方向の剛性

主軸及びテーブルのＸ軸方向の剛性は，テーブルの各運動部を締め付けた状態とし，主軸に取り付けたアーバとテーブル上面との間にＸ軸方向に荷重を加えたときの，主軸とテーブル上面との間の相対傾斜の変化をＸ軸方向及びＹ軸方向について測定する。図１―55に測定方法を示す。荷重は表１―17の加える荷重の0.6倍とする。

主軸及びテーブルのＺ軸方向の剛性は，テーブルの各運動部を締め付けた状態とし，主軸に取り付けたアーバとテーブル上面との間にＺ軸方向に荷重を加えたときの，主軸とテーブル上面との間の相対傾斜の変化をＸ軸方向及びＹ軸方向について測定する。図１―56に測定方法を示す。荷重は表１―17の加える荷重の0.4倍とする。

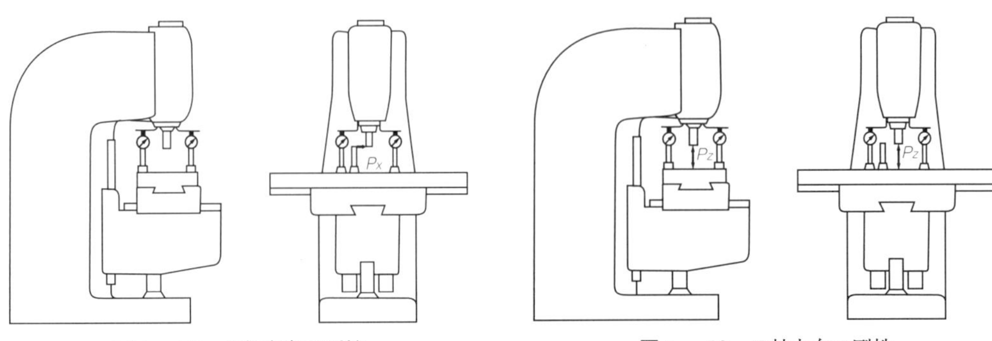

図１－55　Ｘ軸方向の剛性

図１－56　Ｚ軸方向の剛性

f．機械精度検査方法

運転試験は原則として，工作機械を製造したところで行うのに対して，機械精度検査は製造したところばかりでなく，使用しているところでも，据え付けたときばかりでなく，定期的に実施して，

表１－18　　静的精度検査(1)（JIS B 6204：1998）　　X：X軸移動量

検査事項	測定方法	X≦1000	X＞1000
ニーの上下運動の真直度 a）機械の対称垂直面内（YZ面）	ダイヤルゲージ，直角定規を使用する。	測定長さ300について0.020	
b）機械の対称垂直面に直角な面内（ZX面）		測定長さ300について0.020	
サドルのY軸方向運動とテーブルのX軸方向運動の直角度	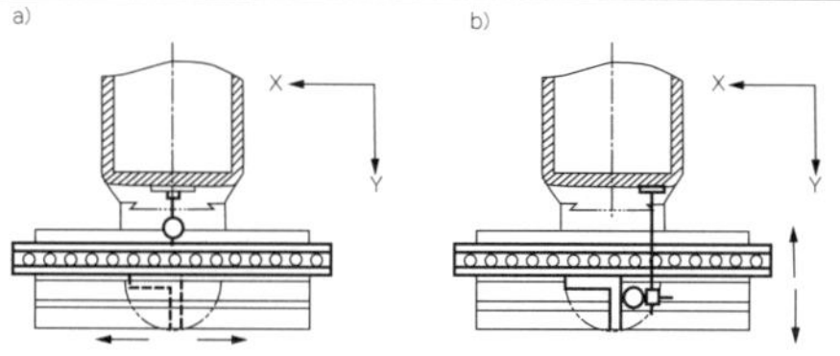 ダイヤルゲージ，直角定規を使用する。	測定長さ300について0.020	
テーブルのX軸方向運動の角度偏差 a）主軸運動に平行な垂直ZX面内で	精密水準器を使用する。	0.08／1000	0.12／1000
b）主軸運動に直角な垂直YZ面内で		0.04／1000	
テーブル上面の平面度	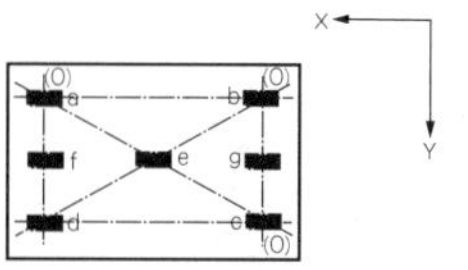 精密水準器，直定規，スリップゲージを使用する。	1000まで0.04（中高を許さず） テーブル長さが1000増すごとに，0.005を加える 最大許容値0.05 部分許容値300について0.02	
テーブル上面と次の運動との平行度 a）サドルのY軸方向運動，垂直YZ面内で	直定規，ダイヤルゲージを使用する。	測定長さ300について0.025 最大許容値0.05	
b）テーブルのX軸方向運動，垂直ZX面内で		測定長さ300について0.025 最大許容値0.05	
テーブル上面とニーのW軸方向運動との直角度 a）機械の対称垂直面内（YZ面）	ダイヤルゲージ，直角定規を使用する。	300について0.025　$\alpha \leqq 90$度	
b）機械の対称垂直面に直角な面内（ZX面）		300について0.025	

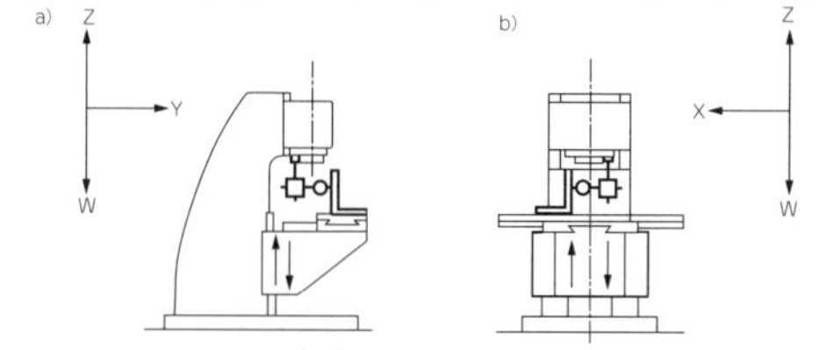

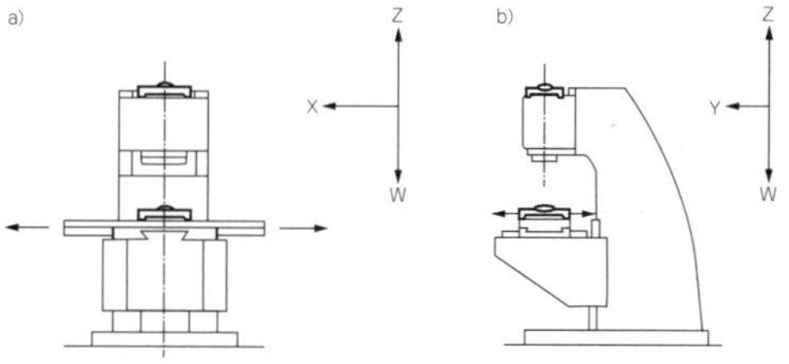

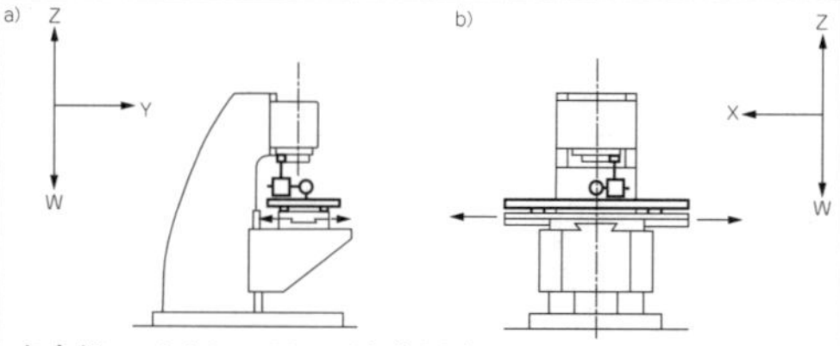

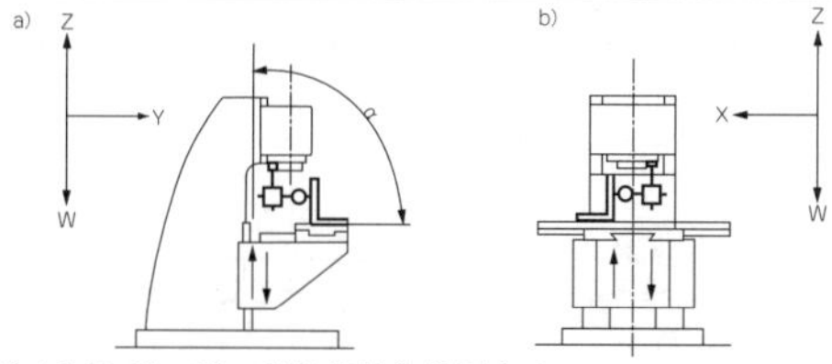

フライス盤の精度保持を図らなければならない。

機械精度検査には，静的精度検査と工作精度検査とがある。

静的精度検査の測定方法，許容値を表１―18及び表１―19に示す。

表１－19　静的精度検査(2)（JIS B 6204：1998）

検査事項	測定方法	X≦1000	X＞1000
テーブル上面と主軸頭のZ軸方向運動との直角度 a）機械の対称垂直面内（YZ面）	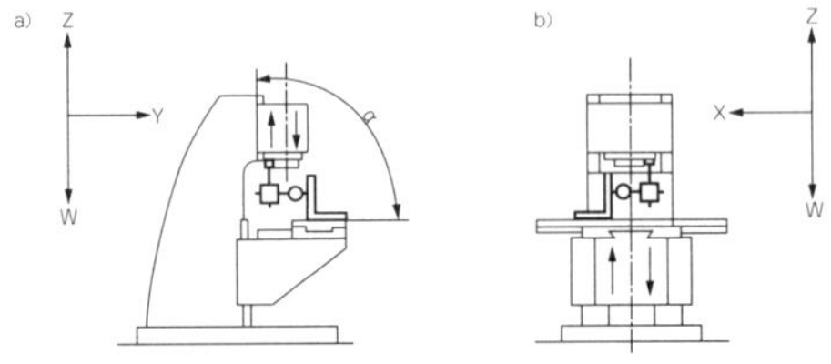 ダイヤルゲージ，直角定規を使用する。	300について0.025　α≦90度	
b）機械の対称垂直面に直角な面内（ZX面）		300について0.025	
テーブルの中央又は基準T溝の真直度	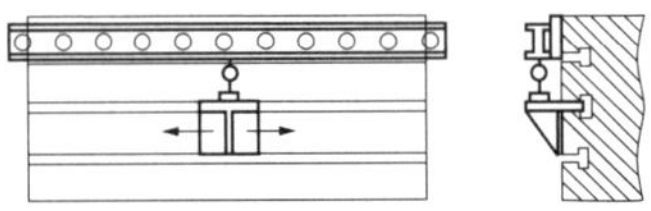 直定規，直角定盤，ダイヤルゲージ，スリップゲージを使用する。	測定長さ500について0.01 最大許容値0.03	
中央又は基準T溝とテーブルのX軸方向運動との平行度	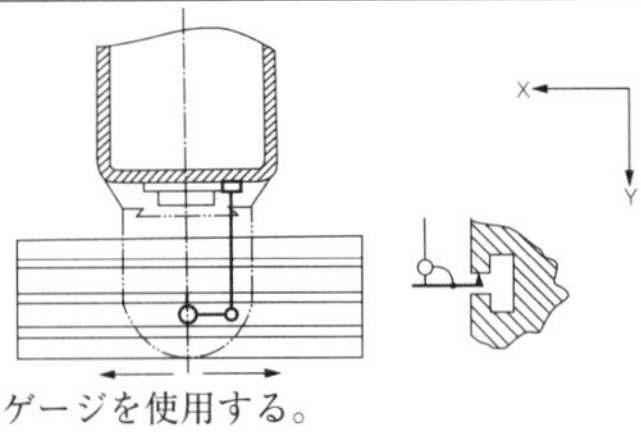 ダイヤルゲージを使用する。	測定長さ300について0.015 最大許容値0.04	
a）主軸端の外部心出し面の振れ	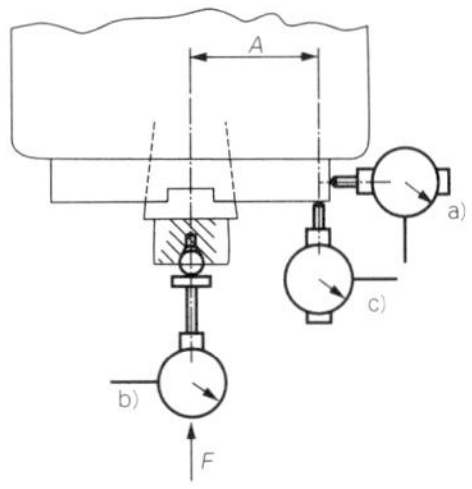 ダイヤルゲージを使用する。	0.01	
b）軸方向の動き		0.01	
c）主軸端面の振れ		0.02	
主軸テーパ穴の振れ a）主軸端で	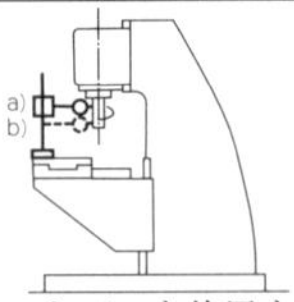 ダイヤルゲージ，テストバーを使用する。	0.01	
b）主軸端から300の位置で		0.02	
主軸中心線とテーブル上面の直角度 a）機械の対称垂直面内（YZ面）	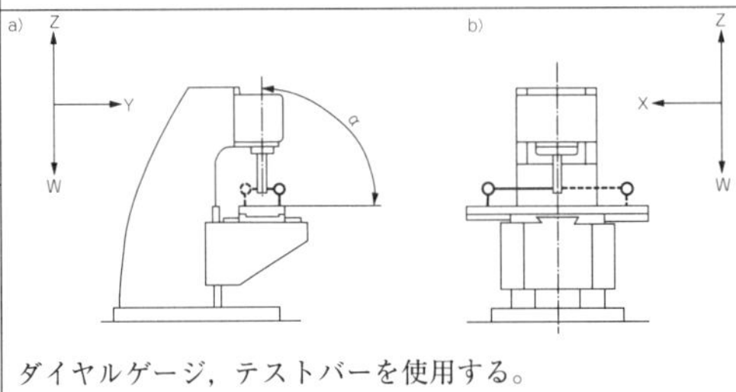 ダイヤルゲージ，テストバーを使用する。	0.025／300　α≦90度	
b）機械の対称垂直面に直角な面内（ZX面）		0.025／300	

工作精度検査は直方体形状の工作物を仕上げ加工して，その工作物の精度を測定する。

工作物の形状，寸法を図１—57に示す。工作物の長さLはフライス盤テーブルの長手方向移動距離の１／２に等しくする。

工作物の幅ℓは長手方向移動距離の１／８とする。ただし$L \leqq 500$のときℓの最大は100，$500 < L \leqq 1000$のときℓの最大は150，$L > 1000$のときℓの最大は200とする。

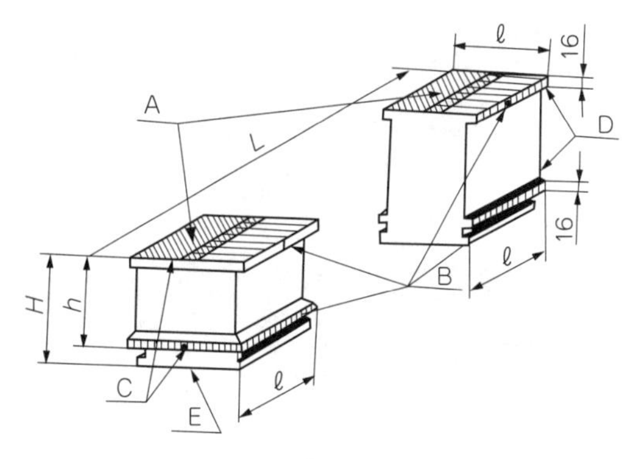

図１－57　工作物の形状と寸法

工作物の高さhはℓと同じとする。

長手方向移動距離が400以上のときは，工作物を２個にして両端よりそれぞれ長さℓだけ切削してもよい。

テーブル長手方向送りにてシェルエンドミルを使用してＡ面を切削する。両端のＺ面の平面度の許容値0.02，高さHの差の許容値0.03である。

テーブル長手方向とサドルの前後方向にて，シェルエンドミルを使用して平面フライス削りをＢ面，Ｃ面，Ｄ面に対して行う。Ｂ面，Ｃ面，Ｄ面相互の直角度及び各面とＡ面との直角度を測定する。許容値は100ｍｍについて0.03ｍｍである。

第４節　フライス盤に使用される治工具等の種類，用途及び取扱い

４．１　フライス盤用の治工具

フライス盤はさきにも述べたとおり，各種の治工具を活用することによって，広範な加工分野にわたって工作物を加工できる。

フライス盤の工作物保持の治工具としては，第２節の2.3で述べたフライス盤用付属装置のほかに，イケール，Ｖブロック，パラレルブロックなどの一般取付け具と，特殊加工用に製作するものとがある。

図１—58にこれら一般取付け具を使った，工作物の取付け例を示す。また図１—59に同一部品を取り付けた例を示す。

切削工具取付け用としては，アーバのほかに図１—60に示すマイクロボーリングヘッド，図１—61のバイトホルダがあり，バイトを使っての穴ぐりや面削りができる。

(a) Vブロックを使っての取付け

(b) 万力を使っての取付け

図1－58　一般取付け具の例

図1－59　工作物の取付け例（同一部品の同時取付け）

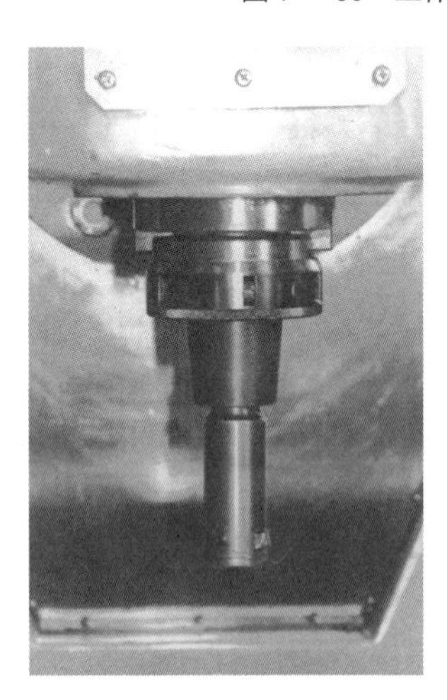

図1－60　マイクロボーリングヘッド

図1－61　バイトホルダ

４．２　フライス盤作業の注意事項

フライス盤作業に当たっては，次のような注意が必要である。

（１）　フライス取付け上の注意

① テーパ穴とテーパ部に，油，ごみなどがついていないか，油気が多いと動力伝動が妨げられるし，ごみがついていると，振れの原因となる。

② テーパ部の摩擦だけで回転させるときには，鉛か木のハンマで軽く打ち込み，密着を完全にする。

③ アーバのテーパシャンクはなるべく太いものを使うこと。

④ フライスは，できるだけコラムの近くに取り付けること。アーバ軸受もラムの近くで支えるようにする。

⑤ カラーの長さはアーバの端のナットが，ねじの全長にはまるようにすること。

⑥ アーバのナットを締め付けるときには，曲がらないようにすること。

⑦ 取り付けたら振れを検査する。振れの限界は作業によって異なるが，精密な仕上げを要するときには３/100以内が目標。

（２）　工作物の取付け

万力を使って取り付ける場合，万力はテーブル又はアーバに平行又は直角になるように取り付ける。取り付けたら，直角定規や，ダイヤルゲージを使って，平行や直角が正確にでているかどうかを調べる（図１―62）。万力の口金の方向は，切削力によって工作物が引きずりだされないように考えることが必要である。また，固定口金に当てる面は必ず基準となる面を当てること。移動口金のほうの面が，基準となる固定口金と完全に平行がでていないうちは，必ず丸棒などをかませて締め付けるようにする（図１―63）。

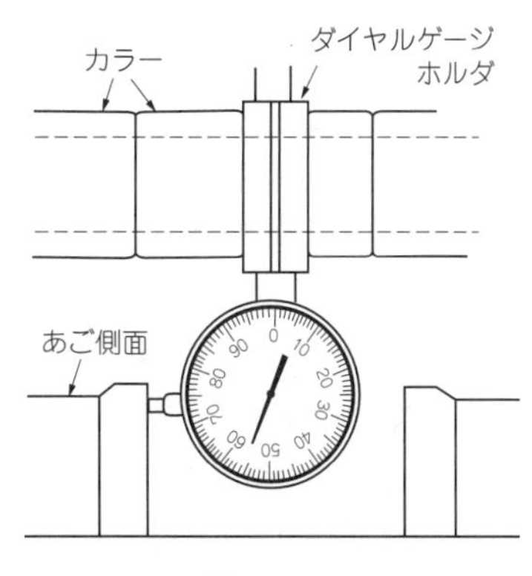

図１－62

面と面との直角のだし方は，直角定規を使って調べるが，もし直角がでていなければ紙片を挟んで調整する（図１―64）。

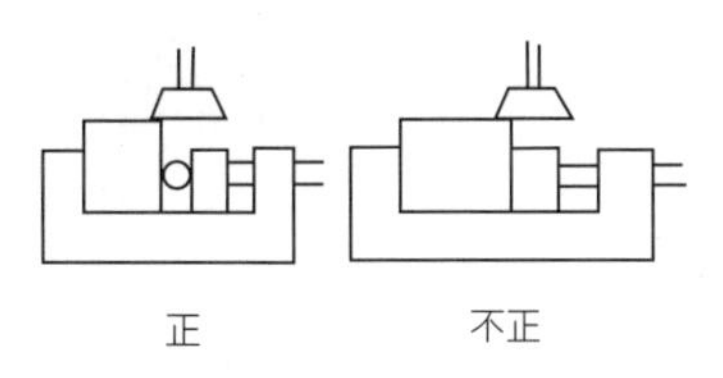

図１－63　丸棒を用いた締付け

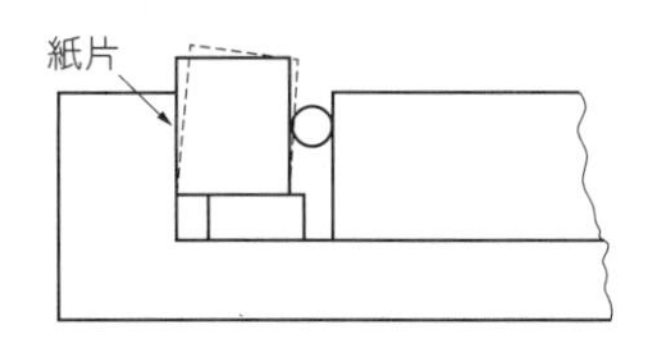

図１－64　紙片を挟んだ締付け

4．3　フライス盤作業の不良原因

フライス盤で作業を行っているとき，いろいろな原因によって工作物に欠陥が現れる。したがってその原因を調べて調整しなければならない。

これら工作物に現れる欠陥，すなわち不良状況に応じた原因を表１―20に示す。

表１－20　フライス盤作業の不良原因

平面度，真直度のでないとき	表面粗さ不良とびびり
① 機械の剛性がたりない。 ② 主軸・主軸受のがた及び摩耗。 ③ アーバと主軸端のテーパ部のはめ合い不良。 ④ エンドミルのときは，シャンクのはめ合い不良。 ⑤ フライスの取付け位置不良（コラムより遠く離れて取り付けるとよくない。できるだけ近づけて取り付けること。ただし，ねじれ溝削りの場合には，やむを得ないことがある）。 ⑥ アーバベアリングのがた及び摩耗。 ⑦ アーバ先端の支え棒，又はセンタの取付け不良。 ⑧ ニーやサドルのしゅう動面不良（摩耗が大きな原因）。	① 機械の振動。 ② しゅう動面部分各部のがた及び摩耗。 ③ 送りねじ及び伝動歯車の摩耗。 ④ フライスアーバのたわみ及びアーバの取付け不良。 **振れの原因** ① アーバの曲がり。 ② 取付けのはめ合い部に異物が入っている。 ③ 主軸のがた。 ④ カラーの不適合。

【練　習　問　題】

次の各問に答えなさい。

（1）　フライス盤の種類を三つあげ，その構造と用途を簡単に述べなさい。

（2）　数値制御フライス盤の長所を述べなさい。

（3）　フライス盤の主軸駆動装置について簡単に述べなさい。

（4）　数値制御フライス盤の送り装置の主な要素をあげなさい。

（5）　割出し台の機能について述べなさい。

（6）　数値制御フライス盤のプログラムでG，S，T，Mの意味を述べなさい。

（7）　フライス盤の正しい据付け方法について述べなさい。

（8）　工作機械の試験を四つあげ簡単に説明しなさい。

（9）　フライス加工で工作物を万力に取り付けるとき注意することを述べなさい。

第２章　切削工具の種類及び用途

ここでは，フライス盤に使用する切削工具について述べる。まず切削される各種金属材料の削りやすさについて述べる。次に，切削工具材料である高速度工具鋼や超硬合金，コーティング，サーメット，セラミック，超高圧焼結体の種類と特性，用途，さらに，フライス盤加工の基本工具であるフライスの分類とフライス各部の名称及び切削に及ぼす影響について述べる。特に，マシニングセンタ等で，最も広く使用されている正面フライスとエンドミルに関する規格を理解する。その他ドリル，リーマ，タップ等の工具について述べる。

第１節　金属材料の被削性

切削工具の種類を述べる前に，切削される側の材料について述べる必要がある。ここでは，フライス盤加工の主要な対象である金属材料について，その被削性を中心に述べる。被削性とは削りやすさのことであるが，一般的には，①工具寿命，②仕上げ面粗さ，③寸法精度，④切りくず処理性等で評価される。そして，これらの項目に影響を及ぼすものとして切削抵抗がある。

１．１　鋼

一般に硬いものは削りにくく，軟らかいものは削りやすいと考えられるが，鋼の場合は硬度だけでなく，その材料の展延性及びせん断力に大きく影響する。

鋼の組織は一様な材質の中に硬い粒子が混在していることが多く，これらの性質と存在する状態により被削性は種々変化する。

鋼の被削性に影響を与える要素として次のようなことがあげられる。

ａ．鋼の化学成分による影響

鋼の化学成分は鋼の性質及び組織中の各種化合物粒子の性質や分布量に影響する。

炭素（C）；0.3%以下では軟らかいが，展延性が大で，かえって削りにくく，0.3～0.35%のものが最も削りよい。0.35%以上になるとわるくなる。

マンガン（Mn）；0.5～0.8%は削りよくなるが，これ以上になると被削性がわるくなり，多量のMnは切削を困難とする。

ニッケル（Ni）；よい影響を与えない。Niの増加とともに被削性をわるくする。

クロム（Cr）；0.5%までは，影響はほとんどないが，0.5%を超えると多少被削性がわるくなる。12%までは，熱処理によって作業を容易にすることができる。

タングステン（W）；少量ならば影響は少ないが，多くなると炭化タングステン（WC）の量がふえ，工具寿命が短くなる。

モリブデン（Mo）；効果はMnと同じで0.15～0.4%は削りよいが，1.0%以上はわるくなる。

バナジウム（V）；少量ならば削りよいが，多くなるとわるくなる。

アルミニウム（Aℓ）；鋼中の酸素が多いと，アルミナ（$A\ell_2O_3$）が多く散在して工具寿命が短くなる。

銅（Cu）；Niと同じで被削性を低下させる。

いおう（S）；Mnと不溶性のMnSを作り，削りくずを砕くので，構成刃先を少なくし，削りよくなる。被削性をよくするために，0.1～0.25%Sを加え快削鋼を作る。

セレン（Se）；ステンレス鋼等の難削材に微量添加することにより被削性をよくする。

ジルコニウム（Zr）；Seと同様な効果がある。

チタン（Ti）；窒化物や酸化物を組織の中に点在することにより，被削性を向上させる。

カルシウム（Ca）；Tiと同様な効果がある。

鉛（Pb）；被削性をよくする。またPbは潤滑効果が大きく，構成刃先の原因となる被削材の工具への溶着を妨げSと同じ効果がある。

ｂ．組織による影響

フェライト；純鉄，低炭素鋼に多い組織で，比較的軟らかく，展延性が大きく，構成刃先ができやすいので切削しにくい。

セメンタイト；鉄（Fe）とCの化合物で，塊状，層状，粒状で材質の中に存在し，非常に硬く切削できない。

層状パーライト；焼なました鋼にみられる組織で，フェライトとセメンタイトが交互に層状に並んだもので，鋼を硬く強くし展延性を減少させる。低炭素鋼では，層状パーライトとフェライトとの均一混合組織がよく切削することができる。0.4～0.6%C炭素鋼で，フェライトよりも層状パーライトの多い組織のものは，スムースに切削できるが，荒削りのときは低速切削がよい。0.6%C以上のものは層状パーライトでは硬く削りにくいので，一般に粒状パーライトになるよう焼なましてから切削する。

粒状パーライト；セメンタイトが粒状になったもので，0.4～0.6%Cの荒切削には，この組織がよい。ただし仕上げ削りには層状パーライトのほうがよい。粒状パーライトは層状のものよりも軟らかく，展延性が大きいからである。

オーステナイト；ステンレス鋼や高マンガン鋼などによく現れる組織で，一般に展延性が大きく切削しにくい。完全に焼なましして，超硬合金工具を使用すれば，かなりよく切削することができる。

ソルバイト，トルースタイト；鋼を焼入れ，焼もどししたときに見られる組織で，比較的硬く，じん性が大きいので，一般に切削しにくい。特殊な場合を除いては，この組織で切削することはあまりない。

マルテンサイト，ベイナイト；マルテンサイトは，鋼を焼入れしたときに現れる組織で，最も硬く，ベイナイトは焼入れ温度からＭｓ点上に長時間おいて得られる組織で，セメンタイトよりも軟らかく展延性に富む。これらの硬度はＣの含有量によって変わり低炭素鋼のマルテンサイトはＨＢ400以下で困難であるが切削できる。高炭素鋼では，これらの組織のものは切削できない。

帯状組織；二つ又はそれ以上の組織が層又は帯状をなしているもので，最も普通の帯状組織は低及び中炭素鋼のフェライトと層状パーライトの交互の層にみられる。帯の幅が0.025ｍｍ以下の薄い場合は，切削には問題ないが，0.1ｍｍ以上の厚いものになると，フェライトがむしられて仕上げ面はわるくなる。

偏析；組織中の組成が偏在してできるもので，インゴットの中心や表面の浸炭又は脱炭した部分に見られる。被削性にわるい影響を与える。

ｃ．鋼の硬度と展延性による影響

鋼の被削性は，硬度が高すぎても，低すぎてもよくない。

非常に軟らかい鋼は，展延性が大きいために削りにくい。硬度だけからみると，鋼の切削には，ＨＢ170～200ぐらいが最もよく，これ以下のものより仕上げ面はきれいで，消費動力も少なく工具寿命も長くなる。ＨＢ160以下では構成刃先を生じやすく，軟らかいほど問題が多い。ＨＢ200以上になると，硬度が上がるにつれて被削性はわるくなる。

能率的に切削しうる硬度の限界は，ＨＢ350程度である。展延性が大となれば被削性は低下し，小となれば向上する。展延性は顕微鏡組織と密接な関係をもっていて，粒状パーライトのものは層状パーライトのものよりも展延性が大きい。中又は低炭素鋼の場合，組織が粒状のものよりも層状のもののほうが切削性がよい。高炭素鋼になると，粒状のものでも展延性が低下し，層状のものよりも硬度が低いので，より容易に切削できる。

ｄ．鋼の熱処理による影響

鋼に適当な熱処理を行い，被削性を調整することは大切なことである。すなわち，熱処理によって粒度，顕微鏡組織及び物理的性質を調整することができ，これによって被削性を向上することができる。熱処理の方法は，その目的により低温焼なまし，焼ならし，完全焼なまし，球状化焼なましなどがある。

（1）　炭 素 鋼

低炭素鋼の切削では構成刃先ができやすいので，仕上げ面はよくない。また高炭素鋼は硬いので，工具の寿命が短い。最も被削性がよいのは，0.3％Ｃ程度の中炭素鋼である。これは，パーライトが，軟質のフェライトを適当に支えているためである。

（2）　快 削 鋼

鋼の機械的性質を低下させない程度の微量な，Ｓ，Pb，Ca，Tiを添加することにより，硫化物や低融点酸化物を組織中に点在させ，被削性を向上させることができる。これらの鋼は，普通の鋼に比べ，工具摩耗が少なく，工具寿命を長くさせる。また，ＳやPb系の鋼は，切りくず処理もよい。

図２―１は快削鋼と普通鋼の工具寿命を比較したものである。

（３） 合 金 鋼

合金鋼は，耐食性，耐熱性，強じん性を増すために，種々の成分を配合する。NiやMnなどは，主に組織に固溶して，硬度を高めるとともに，加工硬化性を増し，Cr，Mo，W，Ｖなどは炭化物を作るので，工具の寿命に悪影響を及ぼす。また，鋼のじん性を増すために，切りくずの処理性がわるくなる。バナジウム鋼やモリブデン鋼は，高い温度で，焼ならしをして被削性を高めるようにする。それは，普通の温度で焼ならしをすると結晶が微細化して，削りにくくなるためである。ステンレス鋼は難削材であるが，Ｓ，Mo，Zr，Se等を添加することにより，被削性をよくしている。高温の機械部品に使用する耐熱合金は，常温では切削しにくいので，高温に加熱して，切削する。

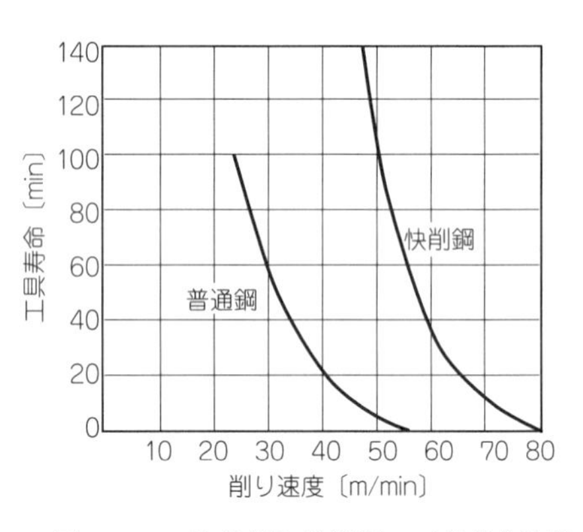

図２―１ 快削鋼と普通鋼の工具寿命比較

１．２ 鋳 鉄

鋳鉄中のフェライトはSiを固溶して硬いが，粘さがないので削りやすく，パーライトは，鋼とほぼ同程度の削りやすさであるが，セメンタイトは硬いので，工具を摩耗する。鋳鉄中の黒鉛は，固体潤滑剤として，摩耗低減に役立ち，削りくずを細かくするので，切削油剤を使用しないで切削できる。鋳肌切削の場合，鋳肌に砂の焼付けがあるので，工具の摩耗と欠損を生じやすいので，切削速度を下げて切削する。

１．３ 非鉄金属とその合金

（１） AℓとAℓ合金

純度の高いＡℓや添加元素量の少ないＡℓ合金は，鋼に比較すると，非常に軟らかく粘りがあるので，構成刃先が付きやすく，取れにくいため，よい仕上げ面は得られない。クロム(Cr)，マグネシウム（Mg)，亜鉛（Zn）等を添加することにより被削性はよくなるが，切りくずは折れにくい。けい素（Si）を添加すると工具摩耗をはげしくし，被削性はわるくなる。一般的に，Ａℓ合金の切削は，すくい角を35～40度くらいにして，高速切削をするとよい仕上げ面が得られる。

（２） ＣｕとＣｕ合金

純度の高いCuは粘りがあるので，切削抵抗が大きく，仕上げ面にむしれや，もり上がりを生じやすく，被削性はよくない。Cuに0.5～３％Pbを添加すると，切削抵抗は低くなり，構成刃先ができにくく，被削性はよくなる。黄銅（Cu－Zn合金）や青銅（Cu－Sn合金）は，被削性がよく，仕上げ面はよい。一般的に，Cu及びCu合金は，すくい角を大きくし，高速切削するとよい。

第２節　切削工具材料

第１節で述べたように，工具材料は，加工される材料の性質に対応して，多種類の工具材料が開発されてきた。

JISでは，バイト，ドリル，フライス，リーマ，ねじ加工工具用語規格の中で，工具の分類方法として，最初に，刃部の材料及び表面処理による分類という項目を設けている。

ここでは，刃形がいろいろな形状に容易に研削できるので，バイト，エンドミル及びドリルに使用されている高速度鋼について述べる。

次に，ＮＣフライス盤やマシニングセンタなどのツーリングシステムで，スローアウェイチップとして，広く使用されている超硬合金，コーティング，サーメット，セラミック及び超高圧焼結体の種類と特性，さらにその使用用途について述べる。

２．１　切削工具材料の種類

切削工具材料は，工作機械の機能と工具材料製造技術の著しい進歩により，より高性能なものが開発され，実用化されている。工具材料は，工作物の材質，形状，寸法，並びに重切削，軽切削，荒切削，仕上げ切削などの用途により，最も適したものが使われる必要がある。工具材料として，一般的に要求される性能は，次のようになる。

①　硬度が高く摩耗に強く，寿命が長いこと。

②　じん性に富み，欠けにくいこと。

③　高温下での硬度低下が少ないこと。

④　成形性が良好であること。

⑤　安価で入手容易であること。

工具材料として，現在広く使われているものの特性を図２—２に示す。用途に応じて，必要な特性を備えた工具材料を選ぶ必要がある。工具材料としては，この他に，炭素工具鋼や合金工具鋼があるが，現在利用度が低いので，以下の説明では省略する。

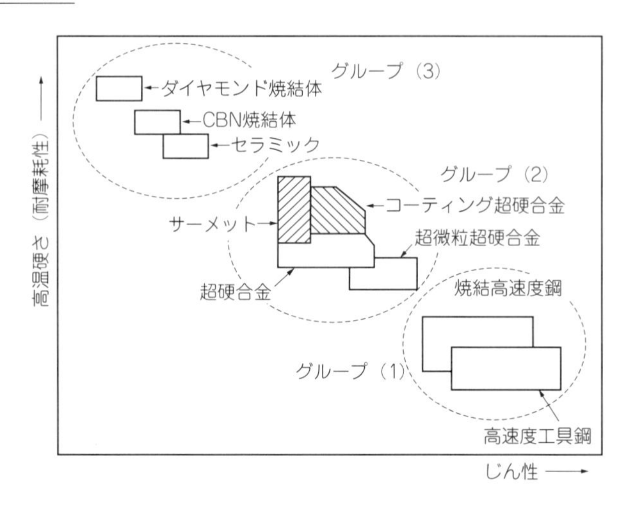

図２－２　各種切削工具材料の特性と分類

２．２　高速度工具鋼

高速度工具鋼は，High Speed Steelを略称してハイスとも呼ばれるが，現在は，20～30m／minの低速切削に使用されている。これは，ハイスが，開発された当時は，炭素工具鋼や合金工具鋼のような材料しかなく，20～30m／minの切削でも，熱のために，刃先が軟化してしまうので，これよりも，さらに低速度で切削されていた。高速度工具鋼は，500～600℃でも刃先の軟化は生じないが，これ以上に高温になる100m／minのような高速切削では，超硬合金やサーメットが使用される。しかしながら高速度工具鋼は，じん性が高く，欠けにくく，刃先成形が容易なので，バイトやエンドミルなどとして，比較的軟質なAℓ等の切削に使用されている。

高速度工具鋼は，17～22％Wのタングステン系高速度工具鋼と，タングステンを減らし,4.5～6.2％Moを添加したモリブデン系高速度工具鋼に分類できる。JISでは，ＳＫＨとし13種を規格化しているが，その一部を表２―１に示す。図２―３に，炭素工具鋼と高速度工具鋼の高温硬さを比較して示す。また，超硬合金，サーメット，セラミックなどについても示す。

表２－１　　高速度工具鋼の成分と用途（JIS G 4403：1983）

種類の記号		化学成分 %										参考用途例
		C	Si	Mn	P	S	Cr	Mo	W	V	Co	
タングステン系	SKH 2	0.73～0.83	0.40以下	0.40以下	0.030以下	0.030以下	3.80～4.50	—	17.00～19.00	0.80～1.20	—	一般切削用その他各種工具
	SKH 3	0.73～0.83	0.40以下	0.40以下	0.030以下	0.030以下	3.80～4.50	—	17.00～19.00	0.80～1.20	4.50～5.50	高速重切削用その他各種工具
	SKH 4	0.73～0.83	0.40以下	0.40以下	0.030以下	0.030以下	3.80～4.50	—	17.00～19.00	1.00～1.50	9.00～11.00	難削材切削用その他各種工具
	SKH 10	1.45～1.60	0.40以下	0.40以下	0.030以下	0.030以下	3.80～4.50	—	11.50～13.50	4.20～5.20	4.20～5.20	高難削材切削用その他各種工具

種類の記号		化学成分 %										参考用途例
		C	Si	Mn	P	S	Cr	Mo	W	V	Co	
モリブデン系	SKH 51	0.80〜0.90	0.40以下	0.40以下	0.030以下	0.030以下	3.80〜4.50	4.50〜5.50	5.50〜6.70	1.60〜2.20	—	じん性を必要とする一般切削用その他各種工具
	SKH 52	1.00〜1.10	0.40以下	0.40以下	0.030以下	0.030以下	3.80〜4.50	4.80〜6.20	5.50〜6.70	2.30〜2.80	—	比較的じん性を必要とする高硬度材切削用その他各種工具
	SKH 53	1.10〜1.25	0.40以下	0.40以下	0.030以下	0.030以下	3.80〜4.50	4.60〜5.30	5.70〜6.70	2.80〜3.30	—	
	SKH 54	1.25〜1.40	0.40以下	0.40以下	0.030以下	0.030以下	3.80〜4.50	4.50〜5.50	5.30〜6.50	3.90〜4.50	—	
	SKH 55	0.85〜0.95	0.40以下	0.40以下	0.030以下	0.030以下	3.80〜4.50	4.60〜5.30	5.70〜6.70	1.70〜2.20	4.50〜5.50	比較的じん性を必要とする高速重切削用その他各種工具
	SKH 56	0.85〜0.95	0.40以下	0.40以下	0.030以下	0.030以下	3.80〜4.50	4.60〜5.30	5.70〜6.70	1.70〜2.20	7.00〜9.00	
	SKH 57	1.20〜1.35	0.40以下	0.40以下	0.030以下	0.030以下	3.80〜4.50	3.00〜4.00	9.00〜11.00	3.00〜3.70	9.00〜11.00	
	SKH 58	0.95〜1.05	0.50以下	0.40以下	0.030以下	0.030以下	3.50〜4.50	8.20〜9.20	1.50〜2.10	1.70〜2.20	—	じん性を必要とする一般切削用その他各種工具
	SKH 59	1.00〜1.15	0.50以下	0.40以下	0.030以下	0.030以下	3.50〜4.50	9.00〜10.00	1.20〜1.90	0.90〜1.40	7.50〜8.50	比較的じん性を必要とする高速重切削用その他各種工具

（備考）　各種とも不純物としてCu0.25%，Ni0.25%を超えてはならない。

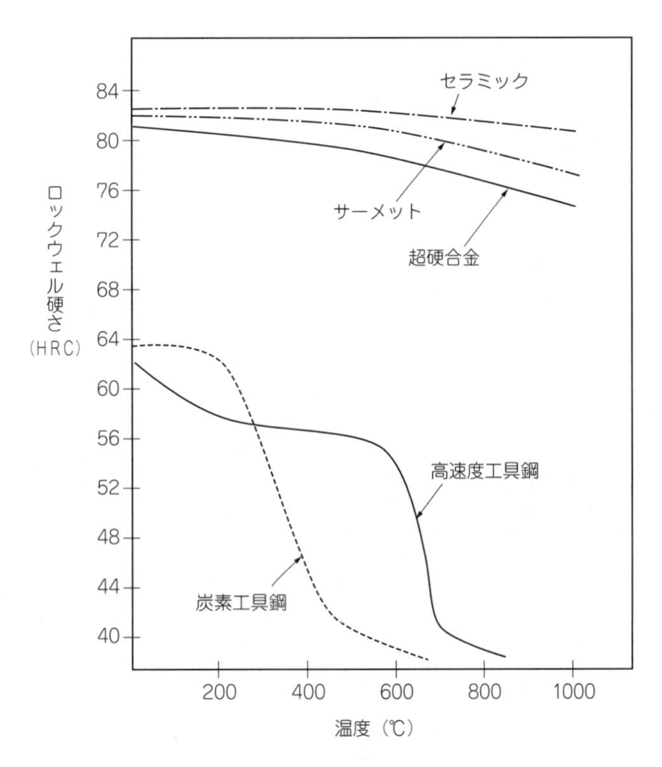

図2－3　工具材料の高温硬さ

2．3　超硬合金

超硬合金は，炭化タングステン（WC），炭化チタン（TiC），炭化タンタル（TaC）などの微粉末を，コバルト（Co）を結合材として成形，焼結したものである。JISでは，主に鋼の切削，ステンレスなど耐熱合金の切削，主に鋳鉄の切削に使用するものとして，P種，K種，M種の３種類に分類している。それぞれの一般的特徴を次に示す。

(1)　P種：耐摩耗性，耐溶着性に優れ，鋼などの連続した切りくずを出す切削に適している。

(2)　K種：圧縮強さ，じん性に優れていて欠けにくいので，鋳鉄や非鉄金属などの不連続な切りくずを出す切削に適している。

(3)　M種：P種，K種の中間の特性を持つ。つまり，耐摩耗性及びじん性の両方を備えて，ステンレスなどせん断形の切りくずを出す切削に適している。

また，上記３種には，グレードとして01，10，20，30，40，50があり，一般的に，グレードの数が大きくなるに従って，Co含有量が多くなり，硬度は軟らかくなるが，じん性は増す。そして，切削速度は遅く，送りは大きくしたほうがよい。仕上げ面粗さを良好にするためには，グレードの数の小さいものを選び，切削速度を速くし，送り速度を小さくしたほうがよい。

超硬合金材種選択の目安として，まず，切削する材料に応じて，P種，K種，M種を選択して，標準グレードであるP20，K10，M20で試削して，加工精度，仕上げ面の状態，工具の損傷状態を検討し，図２―４のことがらを考慮しながら最適なものを選択すればよい。また，JISでは，表２―２のような使用選択基準を規定して，使用目的に応じて最適な材種の選択の参考資料としている。

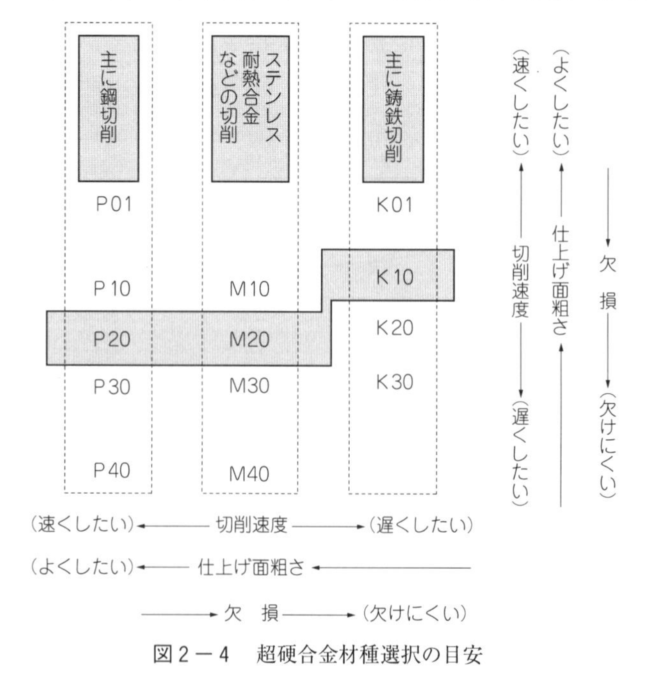

図２－４　超硬合金材種選択の目安

表2－2　切削用超硬質工具材料の分類（JIS B 4053：1998）

切りくず形状による大分類		使用分類				特性の向上方向			
						切削特性		材料特性	
大分類	被削材の大分類	使用分類記号	被削材	切削方式	作業条件	切削速度	送り量	耐摩耗性	じん性
P	連続形切りくずの出る鉄系金属	P01	鋼，鋳鋼	旋削 中ぐり	高速で小切削面積のとき，又は加工品の寸法精度及び表面の仕上げ程度が良好なことを望むとき。ただし，振動がない作業条件のとき。	高速↑	↓	高い↑	↓
		P10	鋼，鋳鋼	旋削 ねじ切り フライス削り	高～中速で小～中切削面積のとき，又は作業条件が比較的よいとき。				
		P20	鋼，鋳鋼 特殊鋳鉄 (1)（連続形切りくずが出る場合）	旋削 フライス削り 平削り	中速で中切削面積のとき，又はP系列中最も一般的作業のとき。平削りでは小切削面積のとき。				
		P30	鋼，鋳鋼 特殊鋳鉄 (1)（連続形切りくずが出る場合）	旋削 フライス削り 平削り	低～中速で中～大切削面積のとき，又はあまり好ましくない作業条件 (7) のとき。				
		P40	鋼 鋳鋼（砂かみや巣がある場合）	旋削 平削り フライス削り 溝フライス	低速で大切削面積のとき，P30より一層好ましくない作業条件のとき。 小形の自動旋盤作業の一部，又は大きなすくい角を使用したいとき。				
		P50	鋼 鋳鋼（低～中引張強度で砂かみや巣がある場合）	旋削 平削り フライス削り 溝フライス	低速で大切削面積のとき，最も好ましくない作業条件のとき。 小形の自動旋盤作業の一部，又は大きなすくい角を使用したいとき。		高送り		高い
M	連続形，非連続形切りくずの出る鉄系金属又は非鉄金属	M10	鋼，鋳鋼，マンガン鋼，鋳鉄及び特殊鋳鉄	旋削 フライス削り	中～高速で小～中切削面積のとき，又は鋼・鋳鉄に対し共用したいときで，比較的作業条件のよいとき。	高速↑	↓	高い↑	↓
		M20	鋼，鋳鋼，マンガン鋼，耐熱合金 (2)，鋳鉄及び特殊鋳鉄，ステンレス鋼	旋削 フライス削り	中速で中切削面積のとき，又は鋼・鋳鉄に対し共用したいときで，あまり好ましくない作業条件 (7) のとき				
		M30	鋼，鋳鋼，マンガン鋼，耐熱合金 (2)，鋳鉄及び特殊鋳鉄，ステンレス鋼	旋削 フライス削り 平削り	中速で中～大切削面積のとき，又はM20より悪い作業条件のとき。				
		M40	快削鋼 鋼（低引張強度） 非鉄金属	旋削 突っ切り	低速のとき，大きなすくい角や複雑な切刃形状を与えたいとき，又はM30より悪い作業条件のとき。 小形の自動旋盤作業。		高送り		高い

切りくず形状による大分類		使用分類				特性の向上方向			
						切削特性		材料特性	
大分類	被削材の大分類	使用分類記号	被削材	切削方式	作業条件	切削速度	送り量	耐摩耗性	じん性
K	非連続形切りくずの出る鉄系金属，非鉄金属又は非金属	K01	鋳鉄	旋削 中ぐり フライス削り	高速で小切削面積のとき，又は振動のない作業条件のとき。	高速 ↑	↓	高い ↑	↓
			高硬度鋼 硬質鋳鉄（チルド鋳鉄を含む）	旋削	極低速で小切削面積のとき，又は振動のない作業条件のとき。				
			非金属材料 (3) 高シリコンアルミニウム鋳物 (4)	旋削	振動のない作業条件のとき。				
		K10	鋳鉄及び特殊鋳鉄 (1) (非連続形切りくずが出る場合)	旋削 フライス削り 中ぐり	中速で小～中切削面積のとき，又はK系列中の一般作業のとき。				
			高硬度鋼	旋削	低速で小切削面積のとき，又は振動のない作業条件のとき。				
			非鉄金属 (5) 非金属材料 (3) 複合材料 (6)	旋削 フライス削り	比較的振動がない作業条件のとき。				
			耐熱合金 (2) チタン及びチタン合金	旋削 フライス削り					
		K20	鋳鉄	旋削 フライス削り 中ぐり	中速で中～大切削面積のとき，又はじん性を要求される作業条件のとき。				
			非鉄金属 (5) 非金属材料 (3) 複合材料 (6)	旋削 フライス削り	大きなじん性を要求される作業条件のとき。				
			耐熱合金 (2) チタン及びチタン合金	旋削 フライス削り					
		K30	引張強さの低い鋼 低硬度の鋳鉄 非鉄金属 (5)	旋削 フライス削り	低速で大切削面積のとき，あまり好ましくない作業条件 (7) のとき，又は大きなすくい角を使用したいとき。				
		K40	軟質，硬質木材 非鉄金属 (5)	旋削 フライス削り 平削り	低速で大切削面積のとき，K30より一層好ましくない作業条件のとき，又は大きなすくい角を使用したいとき。		高送り		高い

注 (1) 球状黒鉛鋳鉄（FCD），合金鋳鉄など。
(2) 耐熱鋼（SUH660など），Ni基超合金（NCFなど），Co基超合金など。
(3) プラスチック，木材，ゴム，ガラス，耐火物など。
(4) アルミニウム合金鋳物9種（AC 9A及びAC 9B）など。
(5) 銅及び銅合金，アルミニウム及びアルミニウム合金など。
(6) 2種類以上の素材を複合して新しい機能を生み出した材料。例えば，繊維強化プラスチックなど。
(7) 被削材の表面状態からいえば，被削材に鋳造肌があり，硬さ及び切込みが変わり，切削が断続となる場合をいい，剛性の点からいえば工作機械，切削工具及び被削材のたわみ又は振動が多い場合など。
（備考） この表の切削方式及び作業条件は，旋削及びフライス加工を主体に記載した。

２．４　コーティング

コーティングは，比較的じん性の高い超硬合金や高速度工具鋼の表面に，炭化チタン（TiC），窒化チタン（TiN），アルミナ（Al_2O_3）等の硬度の高い材料の数μm以下の薄膜を単層又は多層にコーティングして，じん性と耐摩耗性を兼備させたものである。一般に，コーティング層と，コーティング材料により図２―５のような種類に分類される。

Al_2O_3系コーティングは耐摩耗性に優れ，高速切削に適している。TiC系コーティング，炭窒化チタン（TiCN）系コーティング，TiN系コーティングは，じん性に優れていて，比較的重切削に適している。超硬合金に比べ，鋼切削や鋳鉄切削の両方に広く使用されている。しかし，仕上げ面粗さはあまりよくないので，高精度を要求されるものには，不適当である。

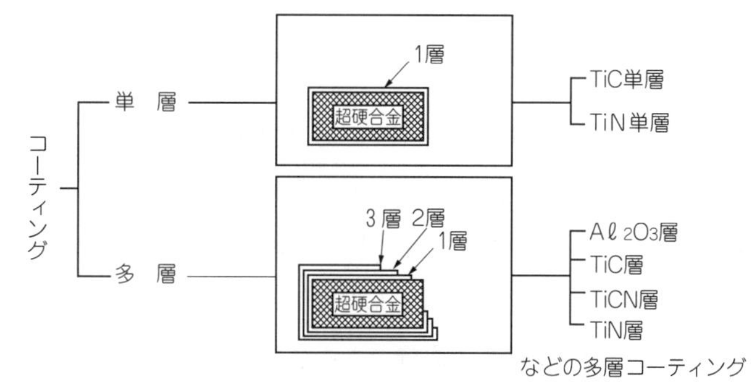

図２－５　コーティングの種類

２．５　サーメット

サーメットは，TiCにNiやMoを結合材として，成形・焼結したものである。サーメットは耐熱・耐摩耗性に優れているので，高速仕上げ切削に利用されている。しかし，じん性がわるいので，炭化タンタル（TaC）やTiNなどを加え，じん性を強化したTiC系強じんサーメットや，TiN系サーメットが，より広く利用されている。

サーメットは粗切削にも利用されるが，切りくずが溶着しにくく，構成刃先の影響が少ないことから，高速での仕上げ切削に利用されることが多い。

２．６　セラミック

セラミックはAl_2O_3を主成分として，酸化物，窒化物，炭化物を配合した微粉末を成形・焼結させたものである。ＷＣを主成分とする超硬合金に比べ，高温硬度が高く，耐溶着性，耐摩耗性に優れているので，超硬合金での切削の数倍の速度で切削できる。しかしながらじん性がわるく，欠けやすいので，超硬合金で切削困難な硬度の著しく高い材料や，鋳鉄や非鉄金属の高速仕上げ切削などに用途が限られていたが，添加物などによりじん性の改善がなされ，用途が広がりつつある。超硬合金に比べ，原料が安いのも特徴である。セラミックの種類としてはAl_2O_3を主成分とする白色のAl_2O_3系セラミックと，Al_2O_3にTiC又はジルコニア（ZrO_2）を多く含む黒色のAl_2O_3系セラミックと，窒化けい素（Si_3N_4）を主成分とするSi_3N_4系セラミックがある。

黒色の$A\ell_2O_3$セラミックは，TiC又はZrO_2添加により白色の$A\ell_2O_3$系セラミックのじん性をかなり改善している。Si_3N_4系セラミックは超硬合金と同等のじん性を持っている。セラミックの用途は次のようである。

① 白色$A\ell_2O_3$系　鋳鉄，鋼の高速仕上げ切削

② 黒色$A\ell_2O_3$系　高硬材の切削，鋳鉄の断続切削

③ 黒色Si_3N_4系　鋳鉄の荒，断続，高速送り切削

セラミックは$A\ell$やステンレスの切削には適さない。

2．7　超高圧焼結体

多結晶ダイヤモンドの微粉末や立方晶窒化ほう素（ＣＢＮ）の微粉末を図２—６のように超硬合金の基板の上に超高温高圧で焼結・接合した高硬度材料である。その主成分により次のように分類される。

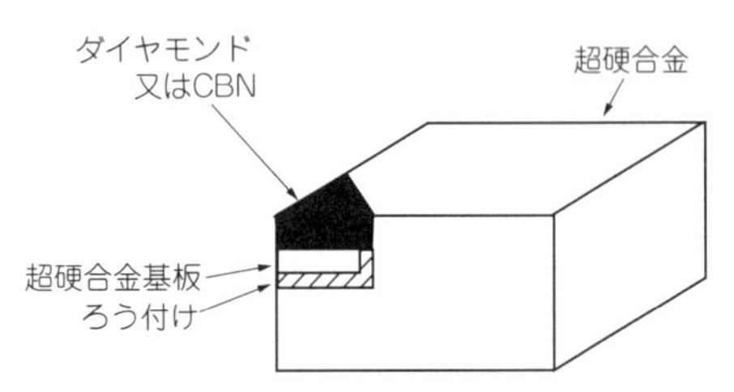

図２－６　超硬圧焼結体工具の構造

① ダイヤモンド系；主成分であるＣと切削される材料が鋼の場合，Feとの親和力が大きいため，鋼の切削には不適であるが，アルミニウム合金，銅合金，プラスチック等の高速仕上げ切削に利用される。

② ＣＢＮ系；硬度ではダイヤモンド系より軟らかいが，鋼との親和力がないため，耐熱合金，鉄系焼結合金，焼入れ鋼等，難削材の切削に利用されている。

表２—３にこれらの切削条件を示す。

表２－３　超高圧焼結体工具の切削条件

分　　類	被　削　材		切削速度 (m/min)	切込み (mm)	送り (mm/rev)
ダイヤモンド系	アルミニウム		300～1500	0.05～0.2	0.05～0.2
	アルミ合金（10%Si含有相当）		200～1300	0.05～0.2	0.05～0.2
	アルミ合金（18%Si含有相当）		200～600	0.05～0.2	0.05～0.2
	銅・黄銅		100～1000	0.05～0.2	0.05～0.2
	りん青銅		100～500	0.05～0.2	0.05～0.2
	カーボン		100～300	0.1～0.2	0.05～0.2
	ガラス繊維・プラスチック		100～1000	0.1～0.2	0.02～0.2
	超硬合金		10～20	0.02～0.2	0.02～0.2
	セラミック		80～150	0.1～0.2	0.05～0.2
CBN系	焼入れ鋼	炭素鋼・合金鋼	100～120	0.1～0.5	0.05～0.2
		炭素工具鋼	100～120	0.1～0.5	0.05～0.15
		合金工具鋼	100～120	0.1～0.5	0.05～0.15
	普通鋳鉄		300～500	0.1～0.5	0.05～0.2
	チルド鋳鉄・特殊鋳鉄		150～200	0.1～3	0.05～1.5
	鉄系焼結合金		100～180	0.1～0.5	0.05～0.2
	耐熱合金		100～200	0.1～1	0.05～0.15

第3節　フ　ラ　イ　ス

フライスは主に，平面や側面，溝加工に用いる切削工具で，ねじや歯車をも加工する工具である。フライスはフライス盤だけでなく，マシニングセンタ等の他の工作機械にも使用される。

ここでは，次のことがらについて述べる。

① フライスの種類

② フライスの要素と角

③ フライス各部が切削に及ぼす影響

④ 正面フライス

⑤ スローアウェイチップ

⑥ エンドミル

製造現場では，切削速度の高速化，切削能率の向上と高精度加工を目ざして，切削工具材料は，高速度鋼から超硬合金やコーティング等に置き換えられている。また，ＮＣ化・自動化を目ざして，スローアウェイフライスが広く使用されている。

フライスの中で，使用頻度の多い正面フライスとエンドミルの最新の規格を理解しながら，それらの効果的な利用方法を述べる。

3．1　フライスの種類

JIS B 0172では，フライスとは外周面，端面又は側面に切れ刃をもち，回転切削する，主としてフライス盤に使用される工具である。ミーリングカッタともいう。この規格は，主として金属切削用として一般に用いるフライスに関する用語及びその定義について規定しており，フライスの種類を次のように分類している。

① 刃部材料及び表面処理による分類

② 構造による分類

③ 取付け方法による分類

　a　ボアタイプフライス

　b　シャンクタイプフライス

④ 機能又は用途による分類

　a　ボアタイプフライス

　b　シャンクタイプフライス

刃部材料及び表面処理による分類については，第２節で述べたものと類似しているので，ここでは構造による分類を図２―７に示す。

用　語	定　義	対応英語（参考）
むくフライス	刃部とボデー又はシャンクとが同一材料から作られているフライス。ソリッドカッタともいう。 	solid milling cutter
溶接フライス	ボデーとシャンクとを溶接したフライス。 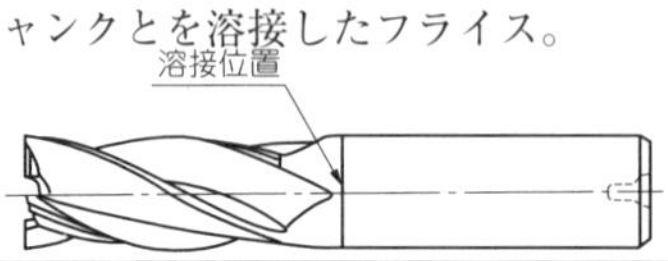 溶接位置	welded milling cutter
クランプフライス	ボデーにチップを機械的に締め付けたフライス。 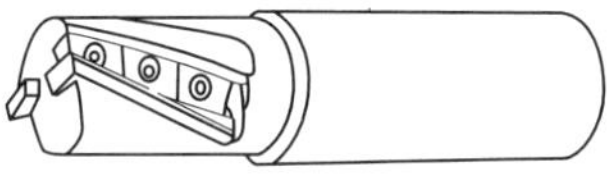	clamped milling cutter
ろう付けフライス	刃部の材料をボデーにろう付けしたフライス。付け刃フライスともいう。 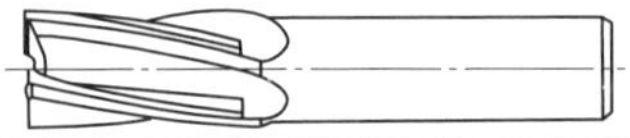	blazed milling cutter, tipped milling cutter
組立フライス	刃部，ボデー又はシャンクを組立構造にしたフライス。 	constructed milling cutter
植刃フライス （うえばふらいす）	ボデーにブレードを機械的に取り付けたフライス。 	inserted milling cutter
差込みフライス	ボデーをシャンクに差し込んで，ろう付けするか，又はそのほかの方法で固定したフライス。 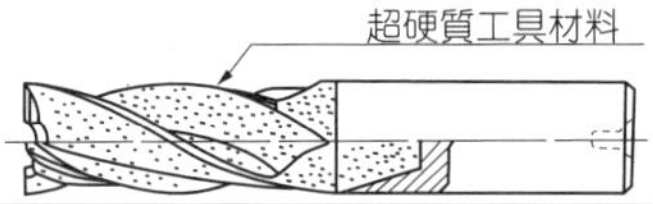 超硬質工具材料	—
スローアウェイフライス	ボデーにスローアウェイチップを機械的に締め付けたフライス。 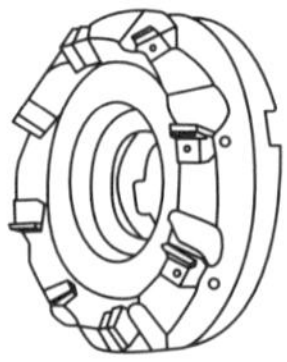	throw-away milling cutter
組合せフライス	左右２個のフライスを組み合わせて幅を調節できるようにしたフライス。 	interlocking milling cutter, combination milling cutter

図２－７　フライスの構造による分類

機能又は用途による分類では，多種類の記載があるが，ここでは代表的なものを次に示す（図２—８）。

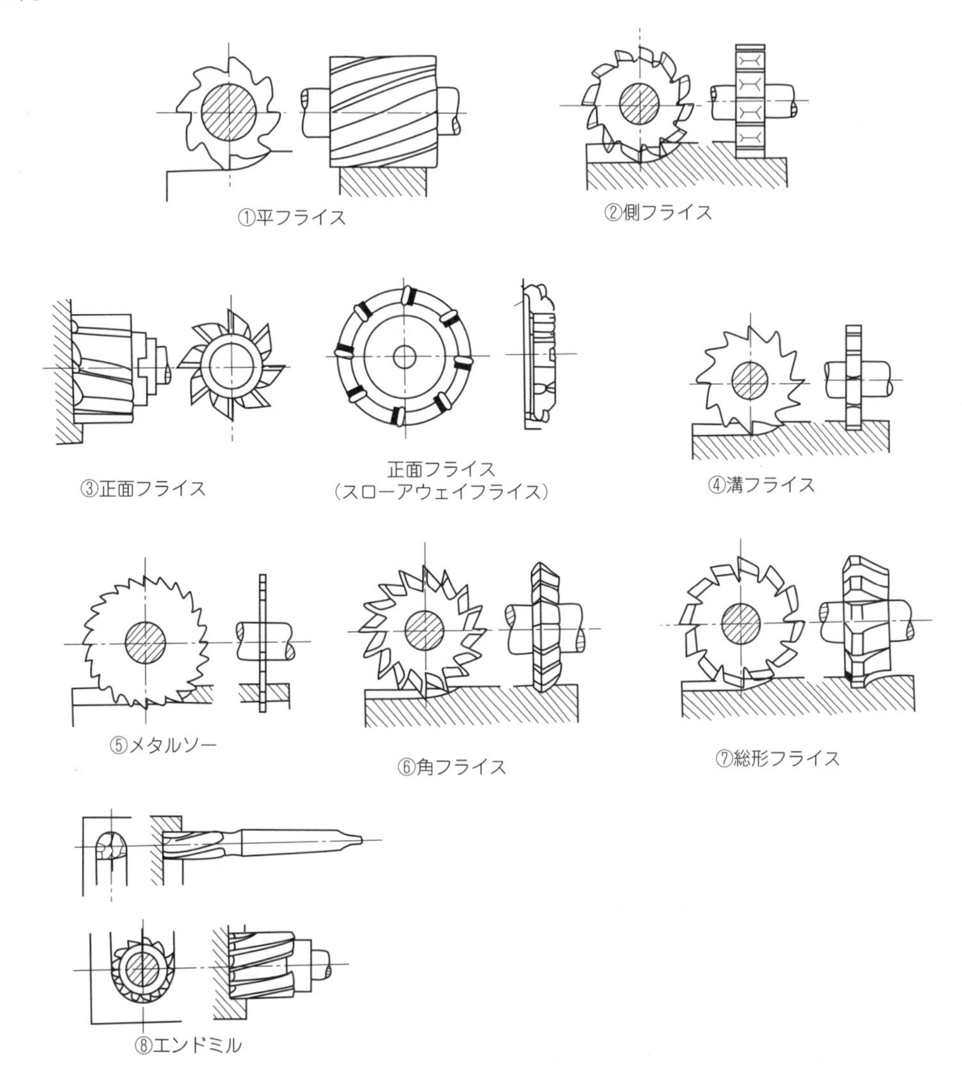

図２—８　フライスと切削加工

①　平フライス：外周面に切れ刃をもち，平面を仕上げるフライス。用途によって普通刃，荒刃１形及び荒刃２形がある。プレインカッタともいう。

②　側フライス：外周面と両側面に切れ刃をもつフライス。刃の形状によって普通刃，荒刃及び千鳥刃がある。サイドカッタともいう。

③　正面フライス：一端面と外周面に切れ刃をもち，主として立てフライス盤で平面切削に用いるフライス。フェースミルともいう（図２—７，植刃フライス，スローアウェイフライスの定義の図例は正面フライス）。

④　溝フライス：外周面に切れ刃をもち，溝を加工するのに用いるフライス。

⑤　メタルソー：外周面に切れ刃をもち，材料の切断及び溝加工に用いるフライス。用途によって普通刃と荒刃がある。

⑥　角フライス：二つの切れ刃が，それぞれの角度をもち，主として溝加工に用いるフライスの総称。

⑦　総形フライス：特殊形状の加工に用いるフライスの総称。

⑧　エンドミル：外周面及び端面に切れ刃をもつシャンクタイプフライスの総称（図２―７溶接フライス，クランプフライス，ろう付けフライス，差込みフライスの定義の図例はエンドミル）。

なお，①～⑦はボアタイプフライスであり，⑧はシャンクタイプフライスである。

3．2　フライスの要素と角

JIS B 0172はフライスの各要素用語（各部分の名称等）や各角（すくい角，切れ刃傾き角，アプローチ角，副切込み角，逃げ角等），精度，刃部の損傷等の定義をしている。

フライスの要素と各角について，正面フライスとエンドミルの定義を次に示す。

（1）　正面フライス

正面フライスの要素を規格より抜粋して，図２―９に示す。また，各角については次のように定義している（図２―10参照）。

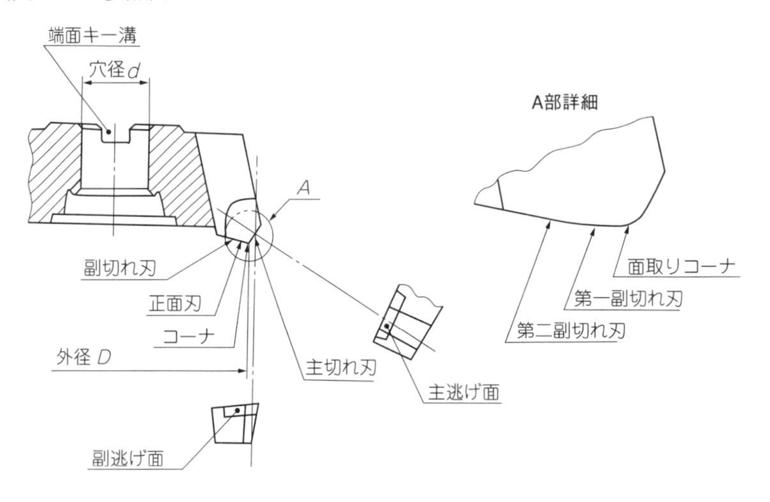

図２－９　フライスと切削加工

①　すくい角：基準面（Pr）に対するすくい面の傾きを表す角。

②　アキシャルレーキ：基準面（Pr）に対するすくい面の傾きを表す角で，$p-v$面（Pp）が基準面（Pr）及びすくい面と交わって得られるそれぞれの交線が挟む角（γp）。

③　ラジアルレーキ：基準面（Pr）に対するすくい面を表す角で，$f-v$面（P_f）が基準面（Pr）及びすくい面と交わって得られるそれぞれの交線が挟む角（γ_f）。

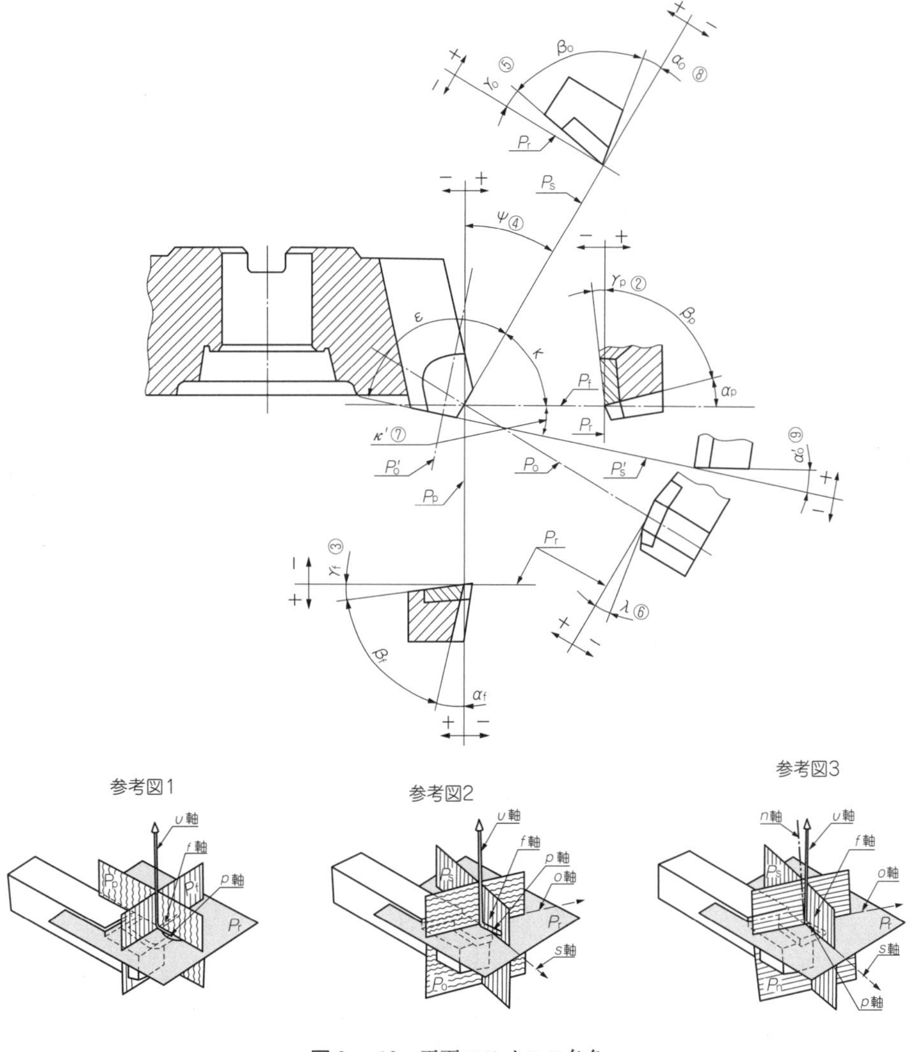

図２－10　正面フライスの各角

④　**アプローチ角**：基準面（*Pr*）上で測った*s*－*v*面（*Ps*）と*p*－*v*面（*Pp*）とがなす角で，切込み角の余角。コーナ角ともいう（Ψ）。

⑤　**垂直すくい角**：基準面（*Pr*）に対するすくい面の傾きを表す角で，*o*－*v*面（*Po*）が基準面（*Pr*）及びすくい面と交わって得られるそれぞれの交線が挟む角（γo）。

⑥　**切れ刃傾き角**：*s*－*v*面（*Ps*）への切れ刃の投影と基準面（*Pr*）とがなす角（λ）。

⑦　**副切込み角**：基準面（*Pr*）上で測った*s*´－*v*面（*Ps*´）と*f*－*v*面（*Pf*）とがなす角。前切れ刃角ともいう（*k*´）。

⑧　**垂直逃げ角**：*s*－*v*面（*Ps*）に対する逃げ面の傾きを表す角で，*o*－*v*面（*Po*）が*s*－*v*面（*Ps*）及び逃げ面と交わって得られるそれぞれの交線が挟む角（α_o），主切れ刃逃げ角ともいう（図２—11）。

⑨ **副切れ刃逃げ角**：$s'-v$面（Ps'）に対する逃げ面の傾きを表す角で，（Po'）面が（Ps'）面及び逃げ面と交わって得られるそれぞれの交線が挟む角（α_o'）。

規格の図例は植刃正面フライスである。現在，広く普及しているスローアウェイ正面フライスの場合，要素と各角を示すと図２―11のようになる。

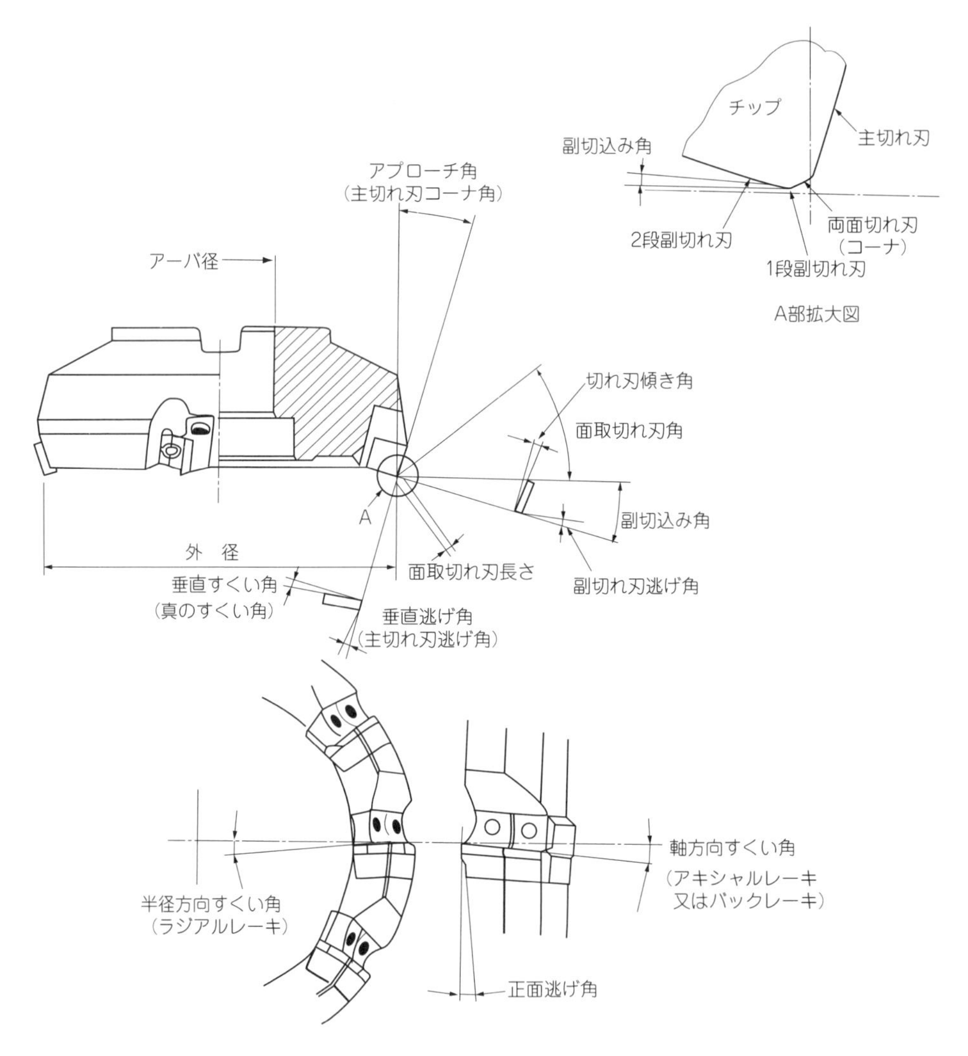

図２－11　スローアウェイチップ正面フライス各部名称

（２）　エンドミル

エンドミルの要素を規格より抜粋して図２―12に示す。また各角の説明図を図２―13に示す。図２―13において，規格による定義は次のとおりである。

⑩ **外周すくい角**：外周刃のラジアルレーキ（γ_f）。

⑪ **ねじれ角**：ねじれ刃の切れ刃傾き角（λ）。

⑫ **すかし角**：底刃又は側刃の副切込み角（κ'）。

⑬　底刃逃げ角：フライスの軸直角断面と底刃の逃げ面との軸方向の逃げ角（$\alpha p'$）。

⑭　外周逃げ角：外周刃のサイド逃げ角（α_f）。

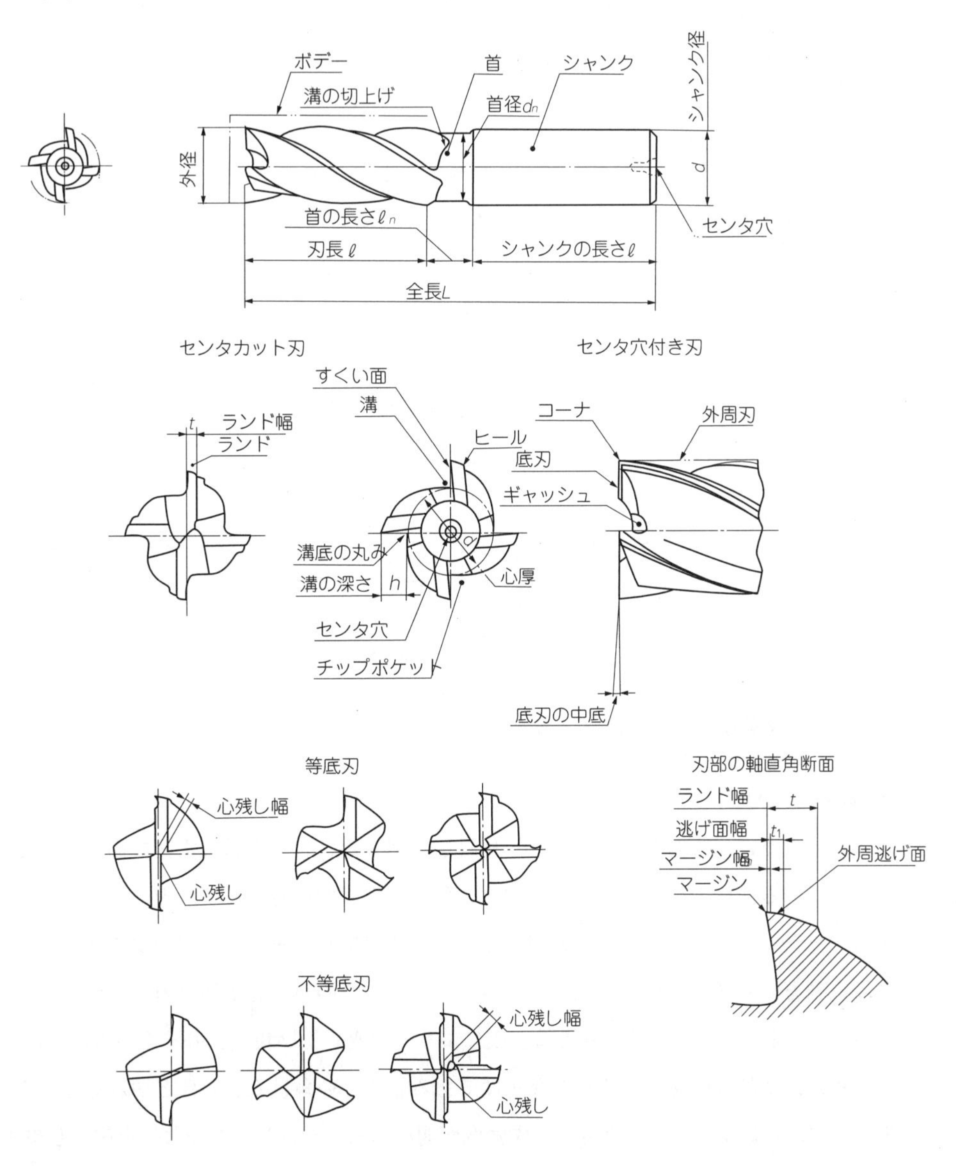

図2－12　エンドミルの要素

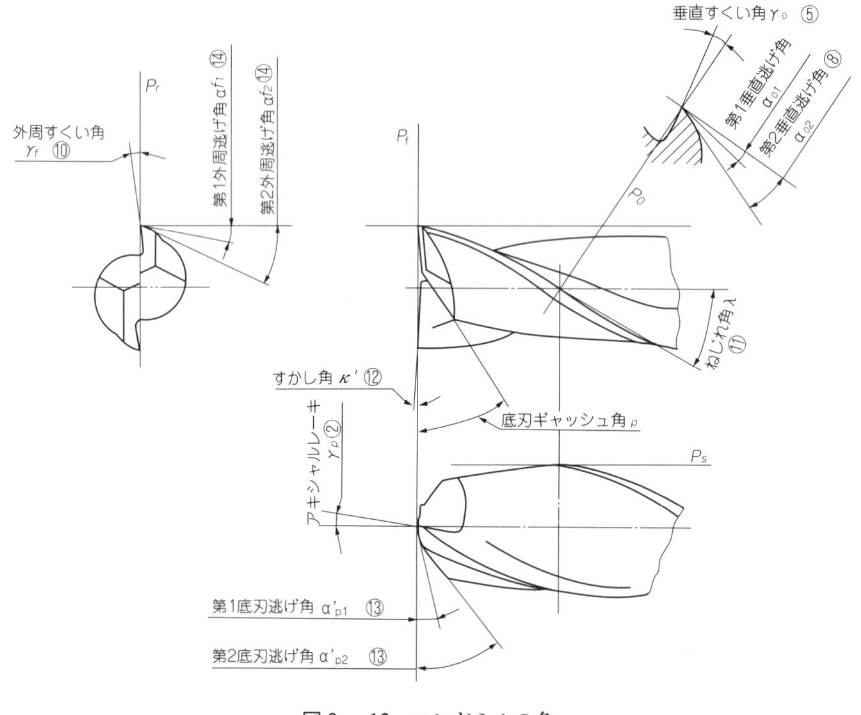

図２－13　エンドミルの角

３．３　フライス各部が切削に及ぼす影響

（１）　各種のすくい角

図２―11に示すように，正面フライスでは，材料を切削するとき，主軸に垂直な面と切れ刃の外周が回転によって作る面にて切り込まれる。すくい角も，垂直面に対する切れ刃の傾きとして軸方向すくい角（アキシャルレーキ）と半径方向すくい角（ラジアルレーキ）の二つがある。さらに，主切れ刃は，主軸方向と傾きを持って取り付けられていて，この角度を主切れ刃コーナ角（アプローチ角）というが，上記二つのすくい角との合成により，垂直すくい角（真のすくい角）が定まる。

垂直すくい角は，切削性能を決める重要な角度である。すくい角は大きいほど切れあじはよく消費動力も少ないが，超硬フライスの場合，刃先強度が弱められ，チッピングや欠損を起こしやすい。

逆に刃先強度を強めるためにすくい角を負にする場合もある。しかし，その値を大きくしすぎると，切削抵抗を増加させ，熱の発生が大きくなるので，刃先寿命が低下する。被削材や工具材料によって最適のすくい角は異なるが，超硬フライスでは，鋼切削用で－８°～８°，鋳物切削用４°～10°，軽合金・ステンレス鋼用15°～20°が標準値とされる。

（２）　切れ刃傾き角

垂直すくい角と同様に切削性に影響を及ぼすが，切りくずの流出方向を決める。図２―14にその様子を示す。

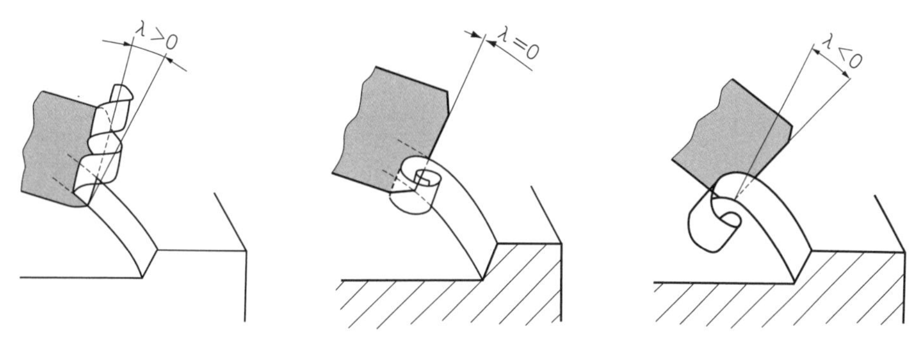

図２－14　切れ刃傾き角と切りくずの流れ方向

（３）　アプローチ角（主切れ刃コーナ角）

図２―15に示すように，切込み深さと１刃当たりの送りが一定なら，アプローチ角が大きいほど切りくずの厚さは薄く，切れ刃単位長さ当たりの抵抗は軽減され，刃先強度が大きくなるので，工具寿命は長くなる。しかし，極度に大きくすると工具を押しもどそうとする背分力が増加し，びびりが発生し，工具寿命を低下させる。一般に０°～45°の範囲であって，特別な例として60°～75°，逆に０°の直角肩削りも行われる。

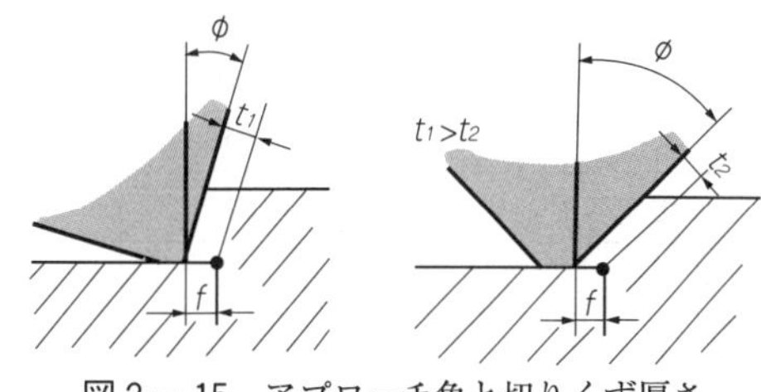

図２－15　アプローチ角と切りくず厚さ

（４）　副切込み角

第１副切れ刃は仕上げ面の加工精度を決定する切れ刃であり，この切込み角をできるだけ小さくすることにより，仕上げ面精度をよくすることができる。スローアウェイチップでは，０°～０°30′で，この切れ刃の長さが，回転当たりの送りの1.2～1.5倍になるように，チップ形状を決める。特に仕上げ用正面フライスでは注意が必要である。

（５）　逃げ角（垂直逃げ角，副切れ刃逃げ角）

二つの逃げ角を考えなければならないが，両方とも機能は同じで，大きすぎると刃先強度を低下させ，また逆に小さすぎると被削材とのすきまがなくなり摩耗を激しくする。一般には７°前後が最適値とされている。

なお，エンドミルについても，正面フライスと似たようなことがいえるが，ここでは，詳細は省略する。参考までにエンドミルの切れ刃角度の標準値を表２―４に示す。

表2－4　　エンドミルの切れ刃角度標準値

被削材	ブリネル硬さ	ねじれ角（度）	外周すくい角（度）	底刃逃げ角（度）	外周逃げ角（度）
炭素鋼，合金鋼	85—325 325—425 45RC—52RC	30 30 30	10～20 10～15 10	3～7 3～7 3～7	B B B
合金鋼	125—425 45RC—52RC	30	15	3～7	A
高抗張力鋼，工具鋼	100—52RC	30	10～12	3～7	A
窒化鋼	200—230	30	7	3～7	A
構造用鋼	100—50RC	30	10	3～7	A
ステンレス鋼	135—425 45RC—52RC	30	15	3～7	B
硬化性ステンレス鋼	150—450	30	10～15	3～7	A
鋳鉄	100—400	30	12	3～7	B
アルミニウム合金	30—150 500kg	30～45	15～20	8～12	C
マグネシウム合金	40—90 500kg	30～45	15～20	8～12	C
チタン合金	110—440	30	10	8～12	C
銅合金	40—200 500kg	30	10～20	8～12	C
ニッケル合金	80—360	30	15	8～12	C
耐熱鋼	140—475	30	10～15	5～7	C
タンタル合金	200—250	30	10	3～7	C
タングステン合金	180—320	0～5	0～10	3～7	A

エンドミル外径別の外周逃げ角　　（単位mm）

エンドミル外径	3	5	6	10	12	20	25	38
A	14	14	10	10	8	8	6	6
B	16	14	12	11	10	9	8	7
C	19	19	15	13	13	12	10	8

3．4　正面フライス

既に記述されているように，正面フライスは一端面と外周面に切れ刃を持ち，主としてフライスの軸に直角な平面の切削に用いられる。

スローアウェイ正面フライスのチップを取り付けるボデーについて，JISの規格はないが，JIS B 4216では，ボデーを取り付けるシャンク付きアーバの形状と寸法について規定している。図2—16

は規格から抜粋したものである。

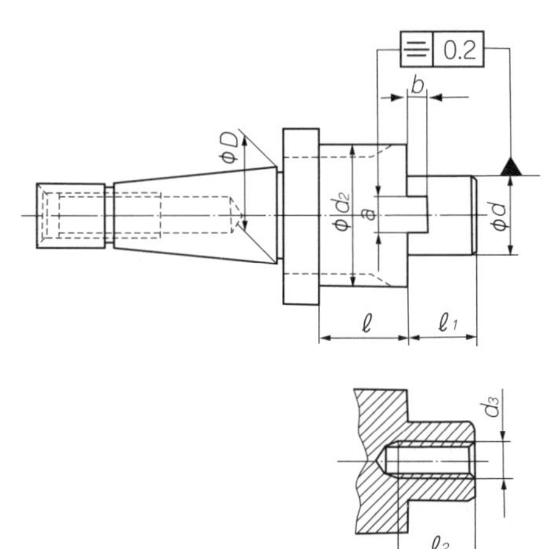

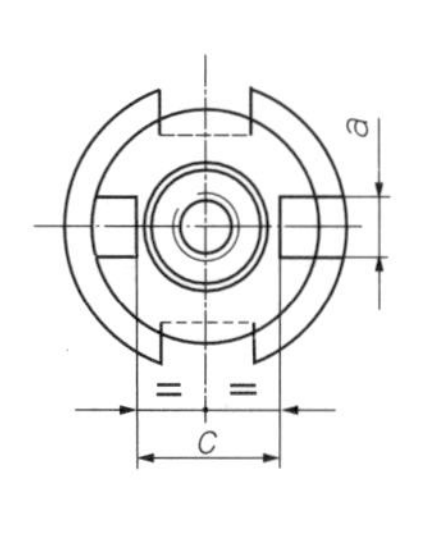

7/24 テーパ番号	D	d h6	ℓ_1 0 −1	d_2 最小	ℓ	a h11	b h11	c 最小	ℓ_2 最小	d_3
30	31.750	16	17	32	25	8	5.0	17.0	22	M8
		22	19	40	25	10	5.6	22.5	28	M10
		27	21	48	25	12	6.3	28.5	32	M12
40	44.450	16	17	32	25	8	5.0	17.0	22	M8
		22	19	40	25	10	5.6	22.5	28	M10
		27	21	48	25	12	6.3	28.5	32	M12
		32	24	58	40	14	7.0	33.5	36	M16
		40	27	70	40	16	8.0	44.5	45	M20
45	57.150	22	19	40	40	10	5.6	22.5	28	M10
		27	21	48	40	12	6.3	28.5	32	M12
		32	24	58	40	14	7.0	33.5	36	M16
		40	27	70	40	16	8.0	44.5	45	M20
50	68.850	27	21	48	40	12	6.3	28.5	32	M12
		32	24	58	40	14	7.0	33.5	36	M16
		40	27	70	40	16	8.0	44.5	45	M20
		50	30	90	40	18	9.0	55.0	50	M24

備考　1.　7/24テーパシャンクは，JIS B 6101及びISO 2583による。
　　　2.　図は概要図であって，規定ではない。

図２－16　７／24テーパシャンク付きアーバ

ボデーに取り付けるスローアウェイチップは，JIS B 4120に規定している。チップについては3.5項を参照のこと。

植刃正面フライスは，刃部の研削や組立て調整がしにくいこともあり，刃部のチップの交換が容易なスローアウェイ正面フライスが広く使用されるようになった。工具メーカーのカタログには，金型用合金鋼やステンレス鋼などの難削材や鋳物，普通鋼，軽合金，銅等の被削材の種類に対応し，また，重切削の粗加工や，高精度な仕上げ加工等の用途に対応して各種正面フライスが掲載されている。

3．5　スローアウェイチップ

JIS B 4120は，超硬質工具材料などを用いるスローアウェイチップの呼び記号の付け方を規定している。表2―5にチップの呼び記号の構成要素及び配列順序を示す。図2―17は，JIS B 4120の規定に基づき，具体的に，チップの呼び記号の付け方を解説したものである。

なお，工具メーカーのカタログには，この規格に基づく製品一覧が掲載されている。カタログにはチップの材質や用途，切削速度，刃当たり送りの最適範囲などが記述されているので，よりよいチップを選択し，加工精度と加工能率の向上をめざすことができる。

表2－5　呼び記号の構成要素及び配列順序（JIS B 4120：1998）

配列順序	名　称	定　義	備考
1	a)　形状記号	チップの基本形状を表す文字記号	必す記号
2	b)　逃げ角記号	チップの主切れ刃に対する逃げ角の大きさを表す文字記号	
3	c)　等級記号	チップの寸法許容差の等級を表す文字記号	
4	d)　溝・穴記号	チップの上下面のチップブレーカ溝の有無，取付用穴の有無及び穴の形状を表す文字記号 (1)	
5	e)　切れ刃長さ又は内接円記号	チップの切れ刃の長さ又は基準内接円直径を表す数字記号	
6	f)　厚さ記号	チップの厚さを表す数字記号	
7	g)　コーナ記号	チップのコーナ半径の大きさ又は特殊コーナを表す数字又は文字記号	
8	h)　主切れ刃の状態記号	主切れ刃の状態を表す文字記号 (2)	任意記号
9	i)　勝手記号	チップの勝手を表す文字記号 (2)	
10	j)　補足記号	製造業者が追加できる記号 (3)	

注 (1) d）でXを使用する場合はe），f），及びg）でこの規格で規定していない数字又は記号を使用してもよいが，それらは略図又は内容が分かるようにしなければならない。
(2) h），i）の記号を混同するおそれがない場合は，どちらか一方又は両方とも省略してもよい。
(3) 製造業者は，チップブレーカの種類などの区別のためにj）に1文字又は2文字を追加できる。ただし，この場合には―（ダッシュ）を置いて区別する。

適用例

	a)	b)	c)	d)	e)	f)	g)	h)	i)	—	j)
メートル系	T	P	G	N	16	03	08	E	N	—	··
インチ系	T	P	G	N	3	2	2	E	N	—	··

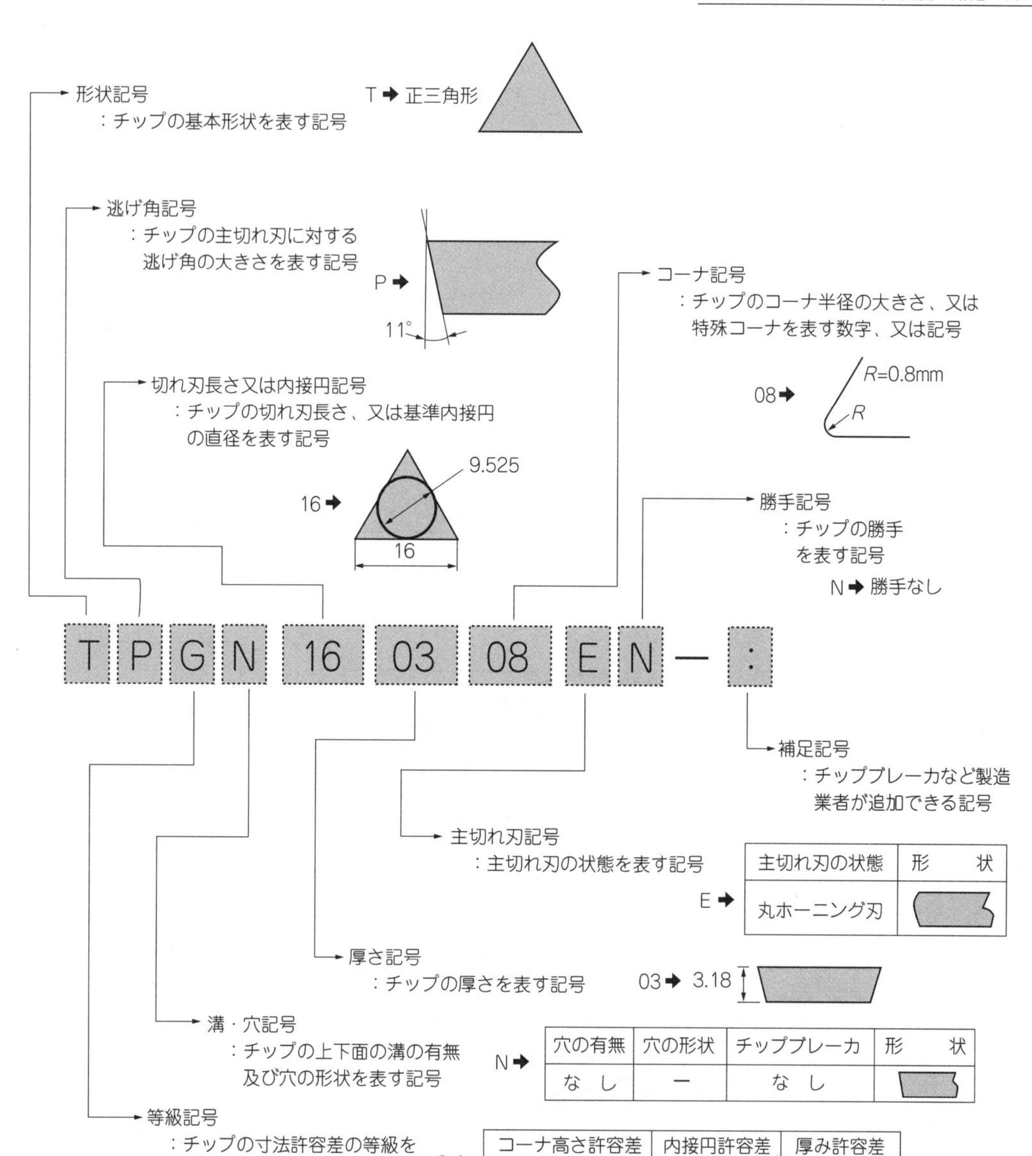

図２－17　スローアウェイチップの呼び記号

３．６　エンドミル

エンドミルは前述のように，外周面及び端面に切れ刃をもつシャンクタイプフライスの総称であるが，種類は形状や用途により多種類ある。JIS B 0172より抜粋して図２―18に例を示す。

JIS B 4211（ストレート刃エンドミル）は，外径が0.95mmを超え，118mm以下のストレート刃エンドミルについて規定している。この規格は，各種エンドミルの形状と寸法を規定しているが，その種類は次のとおりである。

① 用途：標準エンドミル，キー溝エンドミル，荒削りエンドミル。

② シャンクの形状：プレインストレートシャンク，フラット付きストレートシャンク，モールステーパシャンク，7／24テーパシャンク，ＢＴシャンク。

③ 刃数：２枚刃，多刃。

④ 底刃の形状：スクエアエンド，ボールエンド。

用　　語	定　　義	対応英語（参考）
二枚刃エンドミル	２枚の切れ刃をもつエンドミル。 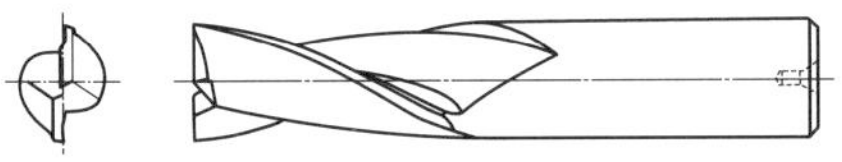	two-flute end mill, slot drill
多刃エンドミル （たはえんどみる）	３枚以上の切れ刃をもつエンドミルの総称。 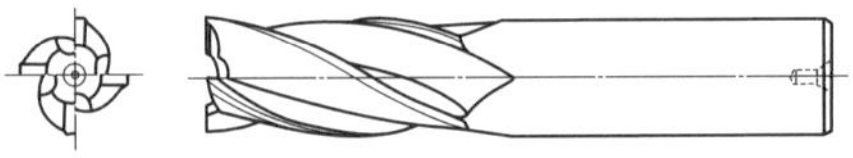	multi-flute end mill
テーパ刃エンドミル （てーぱはえんどみる）	外周刃がテーパをもつエンドミル。 	tapered end mill
ボールエンドミル	球状の底刃をもつエンドミル。 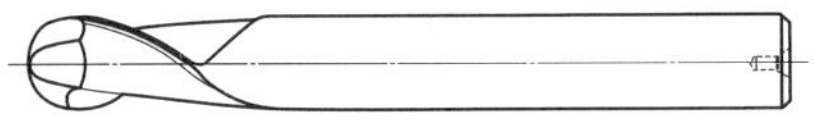	ball end mill, ball-nosed end mill
総形エンドミル （そうがたえんどみる）	特殊形状の加工に用いるエンドミルの総称。 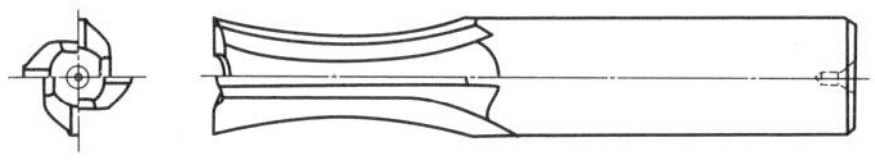	formed end mill
強ねじれ刃エンドミル （きょうねじれはえんどみる）	ねじれ角が40°以上の外周刃をもつエンドミル。 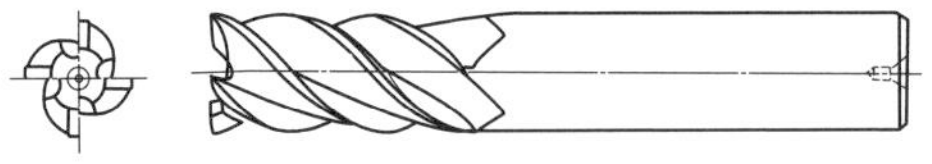	high-helix end mill
ニック付きエンドミル	外周刃にニック切れ刃をもつエンドミル。 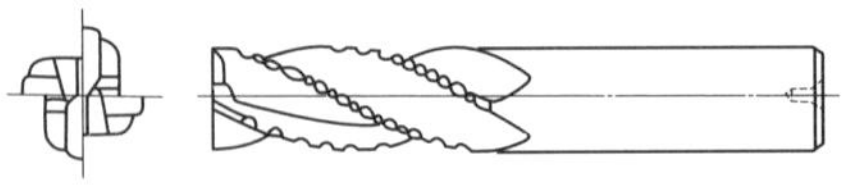	end mill with chip breakers, end mill with nicked teeth, semi-hnisfing end mill, interrupted end mill
荒削りエンドミル	波形の外周刃をもつエンドミル。荒削りに用いる。ラフィングエンドミルともいう。 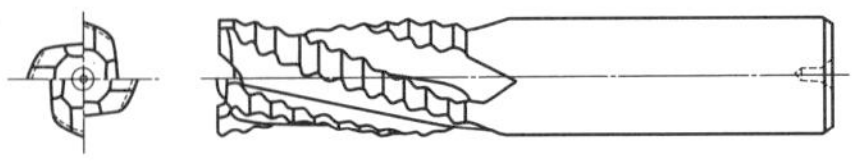	roughing end mill

図２－18　エンドミルの例

⑤　刃長：S形（ショート刃），R形（レギュラー刃），M形（ミディアム刃），L形（ロング刃），E形（エキストラロング刃）。

⑥　外径の許容差：H形，J形，N形，P形。

エンドミルはその形状の複雑さから，比較的造形しやすい高速度工具鋼がまだかなり使用されて

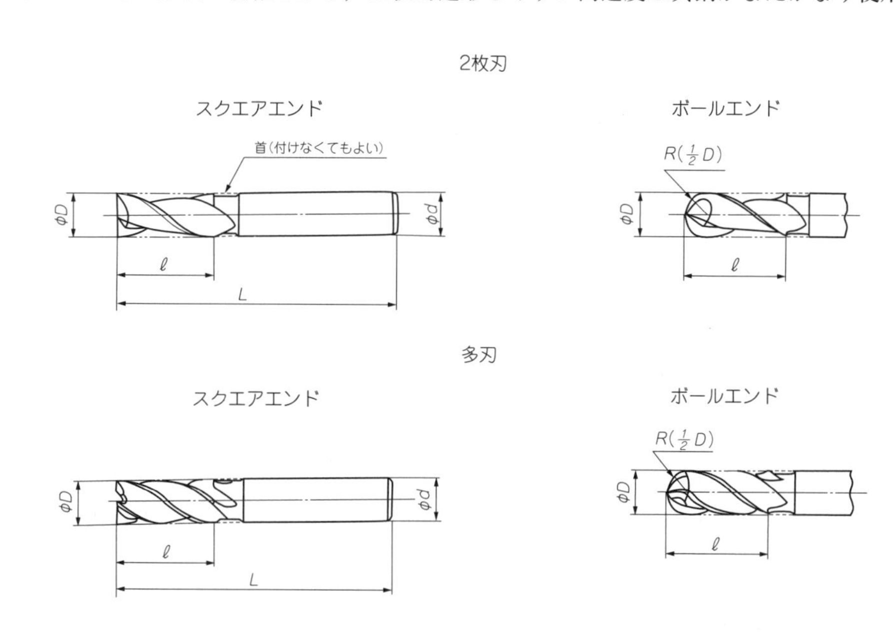

外径 D					シャンク径 d					
推奨寸法	許容差		寸法範囲		Ⅰ			Ⅱ		
	2枚刃 h10	多刃 js14	を超え	以下	基準寸法	ストレートシャンク プレイン h8	ストレートシャンク フラット付き h6	基準寸法	ストレートシャンク プレイン h8	ストレートシャンク フラット付き h6
一部省略										
7	0 −0.058	±0.180	6	7.5	8	0 −0.022	0 −0.009	10	0 −0.022	0 −0.009
8			7.5	8						
9			8	9.5	10			12	0 −0.027	0 −0.011
10			9.5	10						

外径 D	S形			R形			M形			L形			E形		
推奨寸法	刃長 ℓ	全長 L Ⅰ	Ⅱ	刃長 ℓ	全長 L Ⅰ	Ⅱ	刃長 ℓ	全長 L Ⅰ	Ⅱ	刃長 ℓ	全長 L Ⅰ	Ⅱ	刃長 ℓ	全長 L Ⅰ	Ⅱ
一部省略															
7	10	54	60	16	60	66	22	66	72	30	74	80	40	84	90
8	11	55	61	19	63	69	26	70	76	38	82	88	50	94	100
9		61	68		69	76		76	83		88	95		100	107
10	13	63	70	22	72	79	32	82	89	45	95	102	63	113	120

S形ショート刃，R形レギュラー刃，M形ミディアム刃，L形ロング刃，E形エキストラロング刃

図2－19　ストレートシャンクエンドミルの形状及び寸法

いるが，超硬合金やダイヤモンド焼結体のエンドミルも広く使用されるようになってきた。JIS B 4114（超硬質合金ろう付けストレートシャンクエンドミル）は，超硬質合金ねじれ刃をろう付けしたストレートシャンクエンドミルの一般的な寸法について規定している。また，JIS B 4116（超硬質合金ソリッドストレートシャンクエンドミル）は，超硬質合金ソリッドストレートシャンクエンドミルの形状及び寸法について規定している。図２―19は，JIS B 4211から抜粋したストレートシャンクエンドミルの形状及び寸法である。

金型加工にはボールエンドミルが使用されるが，マシニングセンタによる高速加工用として，スローアウェイタイプのボールエンドミルが使用されるようになった。

第４節　ド　リ　ル

ドリルは主にボール盤に使われる工具であるが，中ぐり盤やフライス盤，マシニングセンタ，旋盤でも使われる。

ドリルは先端に切れ刃をもち，また，ボデーに切りくずを排出するための溝をもつ，主として穴あけを行うのに用いる工具である。ドリルには多種類あるが，旋盤やフライス盤に使用されるドリルについて，JIS規格に基づいて述べる。

４．１　ドリルの種類

JIS B 0171は主として金属切削用として一般に用いるドリルの呼び方並びに用語及び定義について規定している。この規格ではドリルの種類を次のように分類している。

① 刃部材料及び表面処理による分類

② 構造による分類

③ シャンクの形態による分類

④ 機能又は用途による分類

a　溝のねじれによる分類

b　ボデーの軸直角断面形状による分類

c　長さによる分類

d　用途による分類

これらの分類の中で，構造による分類を図２―20に示す。

用語	定義	対応英語（参考）
むくドリル	ボデーとシャンクとを一体の工具材料で作ったドリル。ソリッドドリルともいう。 	solid drill
溶接ドリル	ボデーとシャンクとを突き合わせて溶接したドリル。  溶接箇所	butt welded drill
付刃ドリル (つけはドリル)	切れ刃として超硬合金その他の材料のチップをろう付けしたドリル。 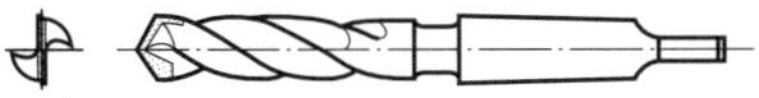	tipped drill
先むくドリル	ボデーの先端からある長さの部分だけを，むくの工具材料で作ったドリル。 	top solid drill
差込みドリル	ボデーをシャンクに差し込んで，ろう付け，圧入などの方法で接合したドリル。 備考　比較的直径が小さいものに適用する。 	inserted drill
組立ドリル	二つ以上の部品を機械的に組み立てたドリル。 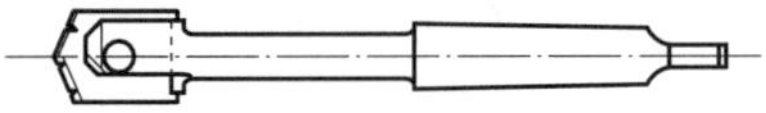	built up drill
スローアウェイドリル	スローアウェイチップをボデーに機械的に取り付けたドリル。 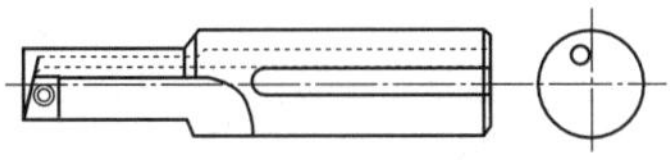	throw-away tipped drill : indexable insert drill

図２－20　ドリルの構造による分類

４．２　ドリルの要素と角

前述の規格はドリルの各要素用語（各部分の名称等）や各角（先端角やチゼル角，ねじれ角，逃げ角等)，精度，刃部の損傷等を定義している。図２―21は要素用語例で，図２―22は角の例である。

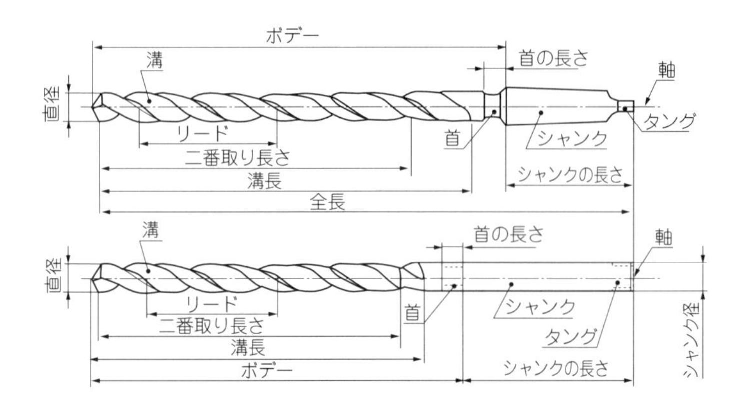

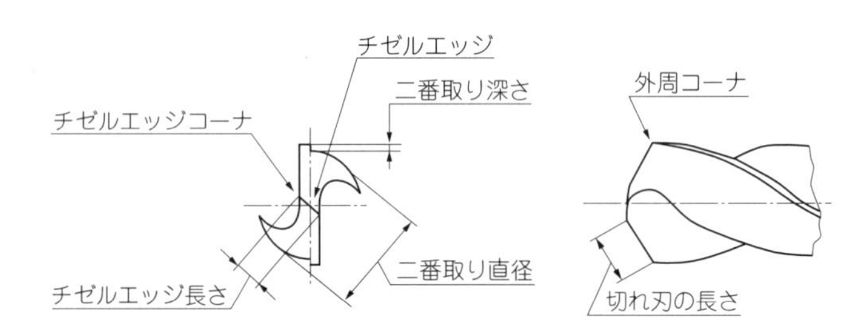

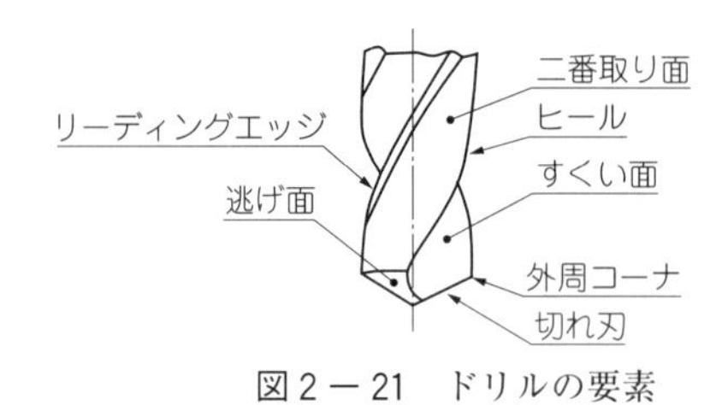

図２－21　ドリルの要素

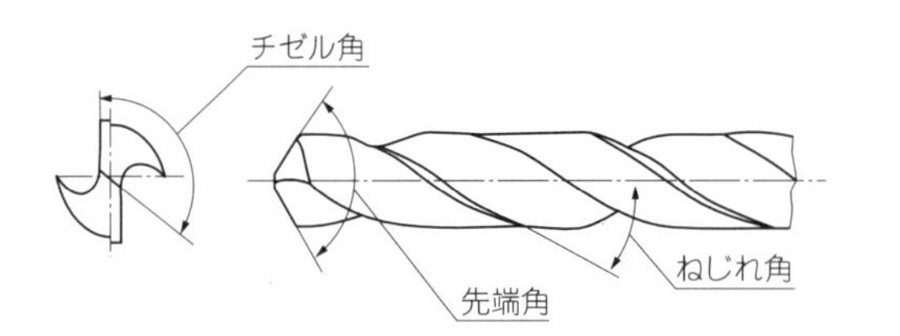

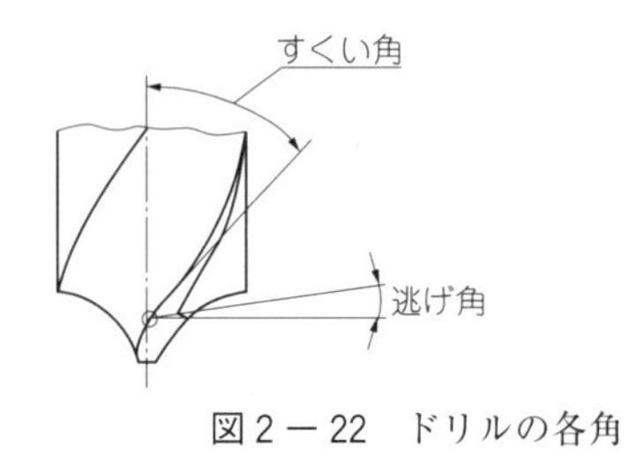

図２－22　ドリルの各角

4．3　ストレートシャンクドリルとモールステーパシャンクドリル

JIS B 4301は直径0.20～20.0mmのねじれ溝をもつストレートシャンクドリルについて，JIS B 4302は直径2.0～106.0mmのねじれ溝をもつモールステーパシャンクドリルについて規定している。また，JIS B 4304はセンタ穴ドリル，JIS B 4305とJIS B 4306はロングドリル，JIS B 4307は全長が短いスタブドリルについて規定している。

4．4　コーティングソリッドドリルとスローアウェイドリル

工具メーカーのカタログには，比較的小径なφ2.0～20.0用ドリルとしてコーティングソリッドドリルを，φ14～70用ドリルとしてスローアウェイドリルが掲載されている。高精度，高速度，高能率な穴加工工具として，これらの工具を使用することも必要である。なお，JIS B 4117は超硬質合金ソリッドストレートシャンクスタブドリル（φ1.0～φ20.0mm）について規定している。

第5節　リ　ー　マ

リーマはドリルであけた穴を最終的に仕上げるときに使う。すなわちドリルであけた穴の真円度（円の精度）は低く，かつ仕上げ面の状態もわるいので，寸法精度を要する穴や，仕上げ面の表面粗さが問題になるような場合に，仕上げ用としてリーマを使う。

5．1　リーマの形状と特徴

リーマは，三つの基本的な部分からなる。すなわち，加工部分と首と柄である。なおリーマの加工部分の直径は先端から首に向かうに従い逆テーパになっている。

（1）　切れ刃の角度

切れ刃の角度はリーマの材質，構造及び用途により選定する。すくい角は切れ刃に直角な平面において測るが，工作物材質，仕上げ面精度によって選定する。

（2）　リーマの刃の数と不均一ピッチについて

穴の精度と加工面の滑らかさは，リーマの刃の数及び刃の円周における配置により左右される。リーマの刃の数を増せば，各刃により切削される切りくずの厚さは薄くなり，したがって加工面は滑らかに加工される。しかし比切削抵抗が増すためにあまり多くはできない。なお特に加工面を滑らかにするために，刃を円周上に不均一ピッチで配置する。これにより1回転当たりの送りが一定であっても各刃の切り込みが異なるので，びびりを防止し，真円度をよくすることができる。なおリーマの直径の測定を容易にするため，相対する刃は同一の直径の両端に位置するように刃のピッチを選ぶことが大切である。

以上により，リーマにおける半径方向の切削力は，各刃に作用する力がすべてリーマ軸に直角になり，かつ各刃は円周上に相対して配置されているため互いに打ち消し合う。これがリーマ加工において，ドリルよりも大きな送りを使用し，また加工面をきわめて滑らかに加工できる理由である。図２—23に形状その他を示す。

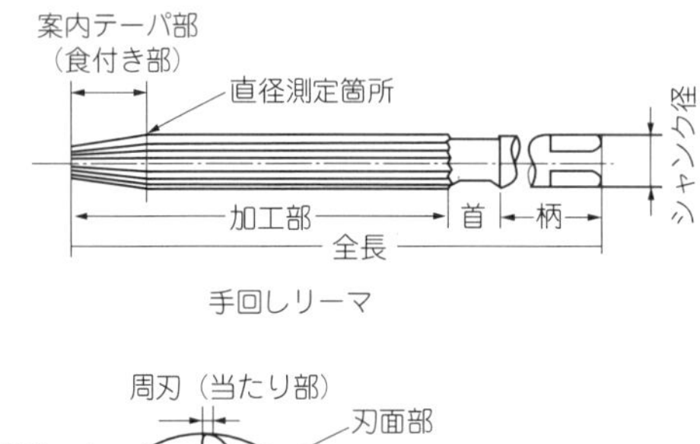

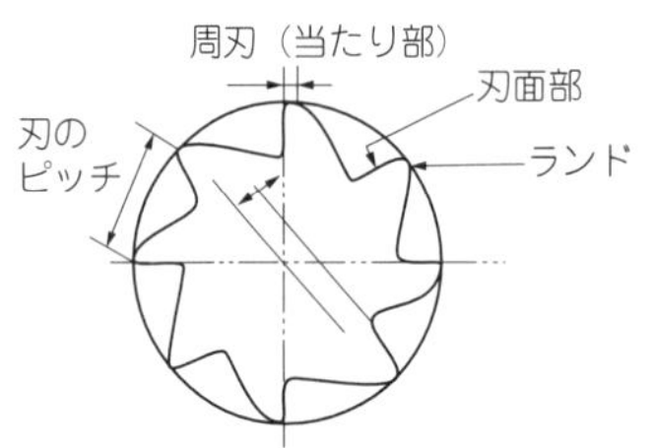

1. 材料～SKH2又はこれと同等以上
2. 直径は先端から柄に向かうに従い、長さ100mmにつき、直径において0.01～0.015mmのテーパを付けて細くする。
3. 刃部の硬さはHV740（HRC62）以上とする。

図２－23　リーマの形状

５．２　リーマの種類

JIS B 0173はリーマに関する用語及びその定義について規定しており，リーマの種類を次のように分類している。

① 刃部材料及び表面処理による分類

② 構造による分類

③ 取付け方法による分類

④ 機能又は用途による分類

機能又は用途による分類として，29種類のリーマに分類しているが，この中にハンドリーマやマシンリーマについて定義している。旋盤，フライス盤などで使用するマシンリーマの定義は次のとおりである。

テーパシャンクチャッキングリーマの刃長を長くした機械作業用リーマで，食付き角は約45°である。JIS B 4413では直径が６ｍｍを超え85ｍｍ以下のマシンリーマについて規定している。この規定では，マシンリーマの種類は，刃のねじれによって，直刃とねじれ刃の２種類として，直径の許容差によってＡ級及びＢ級の２等級とし，形状及び寸法を規定している。

５．３　リーマ加工の注意点

① 下穴の削りしろが多すぎると切削抵抗が大きくなり，切りくずが溝につまる。また少なすぎ

るとから滑りをして刃先が切れなくなる。したがって下穴の大きさすなわち削りしろはリーマ加工の重要な要素である。

表２―６に削りしろの標準を示す。

ねばり強い材料や軽合金の場合は，この値より若干（５％くらい）多くする。

表２－６　リーマの削りしろの標準

リーマの直径	削りしろ（直径について）
5 mm 以下	0.1～0.2mm
5 ～ 20mm	0.2～0.3mm
20～ 50mm	0.3～0.5mm
50mm以上	0.5～1.0mm

② リーマを抜くときも絶対に逆転させてはならない。逆転させると，溝にたまった切りくずがランドと仕上げ面との間に入り込んで，仕上げ面を傷つけるばかりでなく，リーマを破損することもある。

③ 刃についた切りくずをよく払わなければならない。そのためには切削油を用いて切りくずを常に流し去るようにするとよい。

第６節　タ　ッ　プ

専用のねじ切り盤を使うのでなければ，小径のねじはタップやダイスを使うほうが，旋盤でバイトを使ってねじ切りを行うよりも能率的でかつ精度の高いねじが得られる。

また，手仕上げによる加工でもよく使われる切削工具である。

タップは主に回転とねじのリードに合った送りとによって下穴にめねじを形成するおねじ形の工具である。

タップには多種類あるが，手仕上げ加工に使われるタップ，ＮＣ旋盤やＮＣフライス盤及びマシニングセンタなどに使用されるタップについて，JIS規格をもとに述べる。

６．１　タップの種類

JIS B 0176は主として金属加工用として一般に用いるねじ加工工具の呼び方，用語及びその定義について規定している。この規定はねじ加工工具として，タップ，ねじ切りダイス，チェーザ，ねじ転造ダイス及びその他の工具について規定している。その中の，タップの種類を次のように分類している。

① 刃部材料及び表面処理による分類

② 構造による分類

③ シャンクの形態による分類

④ 機能又は用途による分類

　a　製造方法による分類

　b　用途による分類

c　ねじの種類による分類

d　刃溝による分類

用途による分類の中に，ハンドタップや等径ハンドタップ，先タップ，中タップ，上げタップ等がある。ハンドタップは，一般に使用するタップで，主に機械でねじ立てを行うが，手作業で使用することもある（ショートマシンタップともいう）。

一般に手作業で使用されるタップは，等径ハンドタップであり，ハンドタップのうち等径タップは，一般に食付き部の長さによって，先・中・上げのタップに分けられる。

先・中・上げのタップは，図２―24に示すように，それぞれ食付き部の長さが異なるのみで，ねじ部の精度は同じである。ねじの種類による分類では，メートル並目ねじ用タップやメートル細目ねじ用タップ，ユニファイ並目ねじ用タップ，ユニファイ細目ねじ用タップ等がある。JIS B 4430では，呼びM１～M68のメートル並目ねじ及び呼びM1×0.2～M100×６のメートル細目ねじのねじ立てに用いるメートルねじ用ハンドタップ（メートルねじ用ショートマシンタップともいう）について規定している。

この規定では，形状によってフルダイヤメータシャンクタップ，ネック付きタップ及びレリーブシャンクタップの３種類として，ねじ部の有効径の公差位置によって等級を決め，形状及び寸法を規定している。

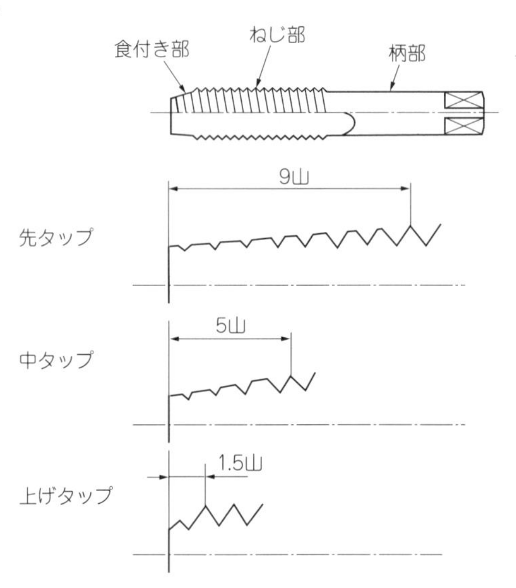

図２－24　先タップ，中タップ，上げタップの食付き部

６．２　タップの下穴

タップ立ての下穴径の決定方法には，工作物の材質，はめ合いの長さ，精度，強さ，タップの切れあじ，使用条件，寿命などを考慮しなければならないが，一般には，

$$\text{ねじ下穴径} = \text{外径} - (\text{外径} - \text{谷径}) \times 0.75$$

の計算式で算出して，材質の硬軟，精度などによって多少の加減をする。

上式における0.75の定数はひっかかり率と称している。ひっかかり率は，

$$\text{ひっかかり率} = \frac{\text{外径の基準寸法} - \text{下穴径}}{2 \times (\text{基準のひっかかりの高さ})} \times 100 \ [\%]$$

によって算出されたもので，一般に75％以上の値が用いられている。

6．3　タップ立て作業の注意点

① タップの軸心と下穴の軸心とを一致させて，タップが傾いて食い付かないようにしなければならない。

② 切りくずの排出をよくすることが大切である。このためにはひんぱんに正転，逆転を繰り返す必要がある。

③ タップ立て作業中にタップが折れた場合，それが穴の奥でタップが表面に出ていないときには，a.寸法が大きいものであれば，溝数だけ足の付いた工具を作って溝に入れ，回してとる。b.前記a.の方法でとれないときには加熱し，前記a.を繰り返す。c.ねじ穴に王水，塩酸，硫酸を注ぎ，半日～1日そのままにしておくと腐食してねじ穴が大きくなり，簡単にとれる場合がある。d.止まり穴のときはタップの溝にピアノ線を差し込み，その先を逆タップに固定して緩み方向へ回す。e.製品もろとも750～800℃に熱して灰の中で徐々に冷やし，ドリルで穴あけを行う。

以上の方法のいずれかで折れたタップは取り除くことができる。

【練 習 問 題】

次の各問に答えなさい。

(1) 鋼の中に含まれる化学成分で被削性をよくするものは何であるか。
(2) 鋼の組織で被削性のよいものは何か，それはどのようにしてつくられるか。
(3) 工具材料に要求される特性を簡単に述べなさい。
(4) 高速度工具鋼は大きく分類すると2種類であるが，その違いを簡単に説明しなさい。
(5) 超硬合金は主に3種類に分類されるが，その違いを簡単に述べなさい。またグレード番号は，どのような意味があるか。
(6) コーティングとは何か簡単に述べなさい。
(7) サーメットとは何か簡単に述べなさい。
(8) セラミックとは何か，また用途による分類を述べなさい。
(9) 超高圧焼結体とは何か述べなさい。
(10) フライスの構造による分類では，どのような種類があるか述べなさい。
(11) JIS B 4114，JIS B 4116はどのようなエンドミルを規定しているか，簡単に説明しなさい。
(12) 正面フライスの垂直すくい角とは何か，また切削加工にどのような影響があるか簡単に述べなさい。
(13) 正面フライスのアプローチ角とは何か，また切削加工にどのような影響があるか簡単に述べなさい。
(14) 正面フライスの逃げ角とは何か，また切削加工にどのような影響があるか簡単に述べなさい。
(15) JIS B 0171はドリルの何を規定しているか，簡単に説明しなさい。
(16) リーマとは何か簡単に説明しなさい。
(17) タップの下穴のあけ方について述べなさい。

第3章　切　削　加　工

切削加工では，高精度で，仕上げ表面の優れた加工が要求されるが，さらに加工能率の向上も求められる。ここでは，第2章で述べた各種切削工具を使用するとき，どのように切削加工を行えばよいか，切削理論に基づき，最適な切削条件を述べる。

第1節　加工法の分類と切削加工

機械の製造工程から加工を分類すると次のようになる。

⑴　成形工程……鋳造，鍛造，塑性加工，プラスチック成形加工など

⑵　切断・結合工程……熱切断・熱加工（ガスやアーク切断など），せん断加工など，溶接，ろう付，接着，要素締結（リベット）など

⑶　除去工程……切削加工，研削加工，と粒加工，特殊加工など

⑷　仕上げ工程……表面処理（めっき，化成処理，表面硬化，塗装など），手仕上げ

切削加工は，除去工程に含まれ，単刃工具（旋削加工，中ぐり加工，平削り加工など）と多刃工具（フライス加工，ドリル加工，リーマ加工など）による切削加工に分類できる。

切削加工には，切削加工やと粒加工なども含めた広義の定義もある。

第2節　切 削 理 論

ここでは，フライスの切削機構を理解し，切削の3条件である切削速度，送り，切込みの最適値を述べる。次に切削仕上げ面の良否，切削能率に影響の大きい切りくずの生成や構成刃先の発生と防止，仕上げ面粗さについて述べる。また切削抵抗の分力と切削に必要な動力の求め方，切削温度の計測の仕方，測定結果を述べる。さらに，切削工具の摩耗の内容と寿命の判定方法を理解し，切削能率の向上と切削加工原価の低減等を考慮して，経済的な面から求める最適切削条件の考え方などを述べる。

2．1　フライスの切削機構

フライス削りは周刃フライス削り（平フライス，側フライス）と正面フライス削り（正面フライス）に大別できる。

周刃フライス削りには，被削材をフライスの回転方向と逆向きに送る場合（上向き削り）と回転

方向と同じ方向に送る場合（下向き削り）の２方法がある（図３―１）。このときフライスの刃先は図３―２に示すようなトロコイド曲線を描いている。

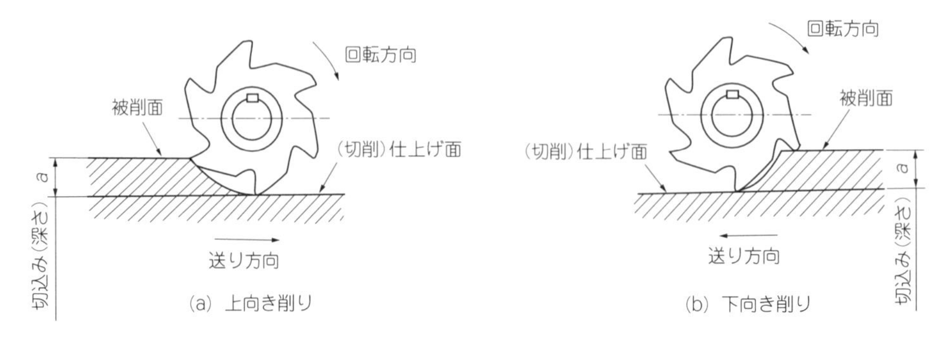

図３－１　上向き削りと下向き削り

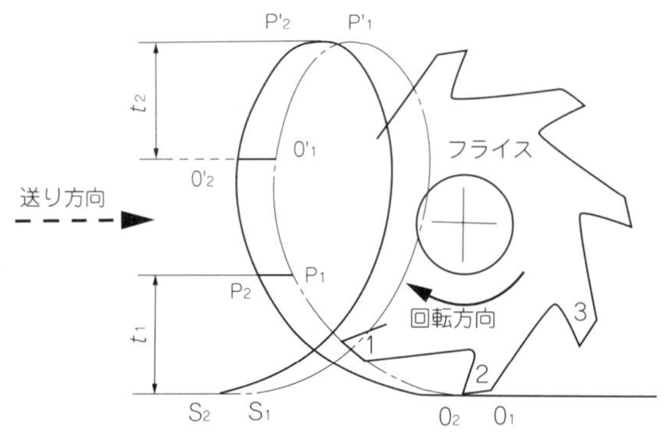

図３－２　トロコイド曲線

（１）　上向き削り（アップカット）

上向き削りはフライスの回転方向と被削材の送り方向が反対の場合で，図３―３に示すように，切りくず厚さは切り始めにゼロから始まるので，刃先は，被削材の表面を削ることなく，ある程度滑り，切削抵抗の背分力がある程度大きくなってはじめて被削材に食い込む。この滑り期間の滑りのため切れ刃の摩耗の成長が早く，かつ増大する背分力のためにアーバをたわませ，振動の原因となる。

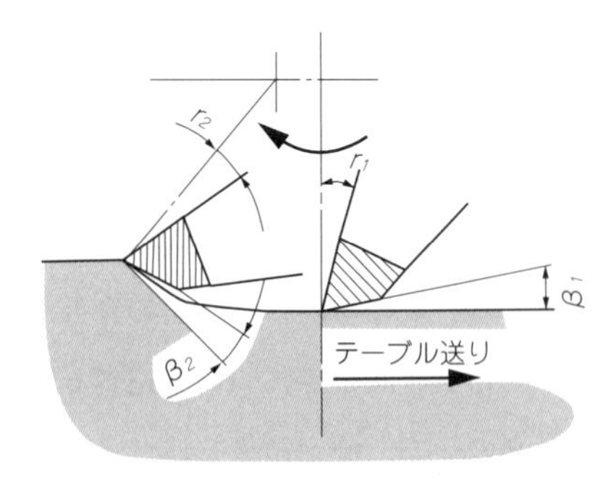

図３－３　上向き削り

また，切削力は被削材をテーブルから引き起こす方向に加わるので，被削材の取付けは強固にする必要がある。表面に黒皮のある被削材を加工する場合とか，テーブルの送りねじにがたのある場合に上向き削りを用いたほうがよい。

（２）　下向き削り（ダウンカット）

下向き削りはフライス回転方向と被削材の送り方向が同じ場合で，図３―４に示すように切りくずの厚いところから切削を始め，切り終りにゼロとなるので発熱も少なく切削抵抗も少ない（図３

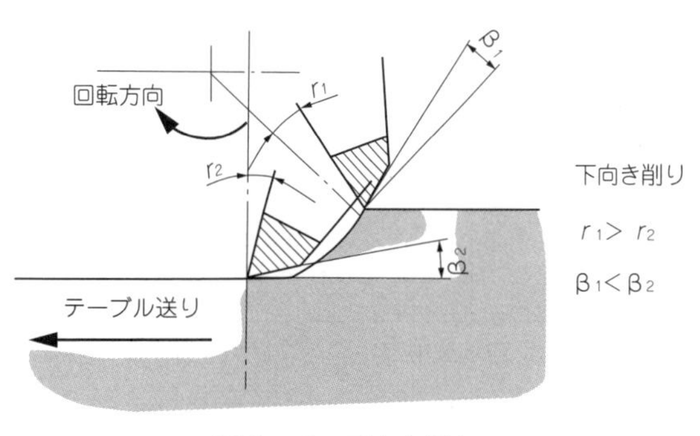

図3－4　下向き削り

―5参照)。被削材はテーブルの送り方向に引き込まれるように切削力が働くので，テーブル送りねじにがたがあると切れ刃を破損する。仕上げ面も普通は上向き削りよりもよくなり，締付け力も上向き削りほど必要でない。特に，ステンレス鋼のように加工硬化を生じやすいものを加工する場合に下向き削りを用いたほうがよい。

（3）　上向き，下向きの合成削り

上向き，下向きの合成削りの場合，ラジアルレーキ角と逃げ角は図3―3，図3―4のように刃の食い込みのときと刃先が被削材から離れるときでは，実際作用している角度が変わってくるが，食込み時にラジアルレーキ角が最大で，逃げ角が最小となって刃先支持のよい下向き削りのほうが，衝撃に耐える力は大きく，刃先にかかる切削抵抗も上向き削りよりも，刃先内部に向かう圧縮方向に働いて刃先の曲げ方向に少ないので，超硬フライス作業に適している。

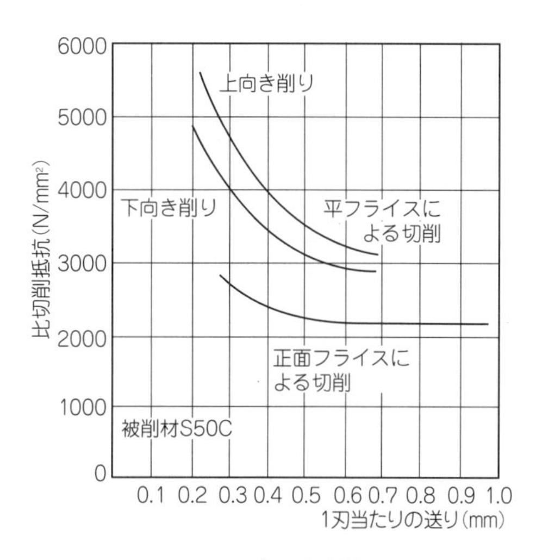

図3－5　フライスの各切削様式と比切削抵抗

正面フライスでは切削の前半が上向き削り，後半が下向き削りであると考えられる（図3―6）。切削物の幅とフライスの径及びそれらの相対位置が適当であるときは切削幅の変化も少なく同時に作用する切れ刃も多いので，周刃フライス削りに比較して振動や発熱が少なく切削抵抗も少ない(図3―5参照)。また，エンドミルでキー溝などを切削する場合は，上向き削り，下向き削り，円筒削り，正面削りが合成される。

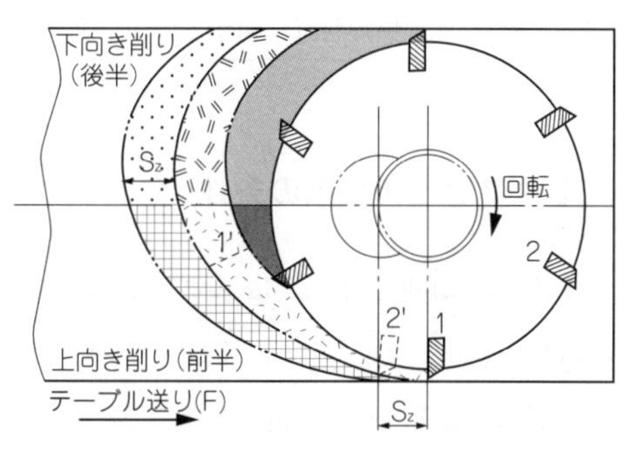

図3－6　上向き・下向きの合成削り

表3―1に上向き削りと下向き削りの比較を示す。

表３－１　　上向き削りと下向き削りの比較

比較対象	上向き削り	下向き削り
切削抵抗		
送りねじのバックラッシ	切削力によって自然に取り除けられる。	バックラッシ除去装置が必要である。
材料の取付け	上方に切削力が働くので，強固にする必要がある。	下方に切削力が働き簡便でよい。特に薄板の切削に有利である。
工具寿命	切れ刃が滑り，摩擦熱，切削抵抗が増大し，寿命が短くなる。	切れ刃の滑りがなく，発熱も切削抵抗も少なく，寿命が長い。
切削力	食込み時の背分力が大きく，アーバを突き上げる力が大きい。	一時に切削力がかかり，衝撃が大きい。
構成刃先と切削油	仕上げ面生成時，切削油の効果が大きい。同時に構成刃先の影響は少ない。	仕上げ面生成時には油膜はぬぐい去られ構成刃先の影響を受けやすい。
仕上げ面	光沢面であるが，滑り跡や回転マークが残り，仕上げ面は劣る。	梨地状で，理論荒さは上向き削りより劣るが，きれいな仕上げ面が得られる。
切りくずの排出	切りくずの排出性がよい。	切りくずが切れ刃の間に挟まって，切削の妨げになる。
切削条件		上向き削りよりも，切削条件を上げることができ，加工能率がよい。
切込み		回転の遅いとき，あまり深い切込みをするとすくい角の関係でフライスを割る恐れがある。
その他	黒皮材料に適する。	加工硬化の大きい材料の切削に適する。

２．２　フライス切削の条件

フライスの切削では，次に示す三つの基本条件とその他の条件を設定し，切削加工を行わなければならない。

①切削速度：V（m／min）　②１刃当たりの送り：S（mm／刃）　③切込み：a（mm）

その他の条件として，切削幅：b（mm）とエンゲージ角（食付き角）：E（度），切削油剤などがある。

（１）　切削速度

フライスの切削速度は，工具切れ刃の周速である。そこで，切れ刃の直径：D（mm）と切れ刃の回転数：N（min^{-1}）との関係は次のようになる。

$$V=\frac{3.14\times D\times N}{1000}\text{ 又は }N=\frac{1000\times V}{3.14D}$$

ここでは，超硬フライスと切削速度について考察する。

超硬合金は良好な耐摩耗性をもつため，長い寿命時間を示すが，被削材の特性とともに個々の作業条件がフライスの寿命時間に大きな影響を及ぼす。切削速度を高めると寿命時間は急激に減少する。これは切削中に切れ刃に生じる温度が高くなるためであり，１刃当たりの送りを高めた場合の数倍も摩耗が早くなる。すなわちフライスの加工距離とそのための摩耗幅が，切削速度のとり方で異なってくるので，いたずらに切削速度を高めることは禁物である。

鋼の切削に低速度をとると構成刃先が切れ刃に付着し，それは超硬合金の早期チッピングや粗い仕上げ面を得る原因となる。このため，中・低硬度の鋼のように長い切りくずの出る材料は，比較的高速で切削する必要がある。

切削速度は，被削材やフライスの種類によって選定されるが，経済的な切削速度は表３―２を参考にして，個々に試験した上で決定しなければならない。そのときには次の事項を参考にすればよい。

表３－２　切削速度の標準値　(m/min)

工具の材質 ＼ 工作物の材質	高速度工具鋼	超硬合金（荒削り）	超硬合金（仕上げ削り）
鋳鉄（軟）	32	50～60	120～150
〃（硬）	24	30～60	75～100
可鍛鋳鉄	24	30～75	50～100
鋼（軟）	27	50～75	150
〃（硬）	15	25	35
アルミニウム	150	95～300	300～1200
黄銅（軟）	60	240	180
〃（硬）	50	150	300
青銅	50	75～150	150～240
銅	50	150～240	240～300
エボナイト	60	240	450
ベークライト	50	150	210
ファイバ	40	140	200

(a)　切削速度を高めるべきとき

①　被削材が軟らかいとき。

②　精密な仕上げ面を望むとき。

③　フライス直径が小さいとき。

④ 軽切削のとき。

⑤ 送りが制限されて不安定な被削材を加工するとき。

⑥ 被削材の取付けが強固にできないとき。

⑦ ねじれフライスのとき。

（b） 切削速度を低めるべきとき

① 被削材が工具を摩耗させる性質をもつとき。

② 砂をかんだ鋳物のとき。

③ 高Ni，高Mn材料のとき。

④ フランク摩耗が大きすぎるとき。

⑤ 工具が火花を発するとき。

である。

（2） 送　り

送りはフライス主軸に対する加工物の移動速度である。フライスは刃数が様々なので，標準的な1刃当たりの送り：Sz（mm／刃）と刃数：n（個）より次式によりテーブル送り：F（mm／min）を求めることにより設定する。

$$F = N \times n \times Sz \quad 又は Sz = \frac{F}{N \times n}$$

この式から分かるように，回転数とテーブル送りと1刃当たりの送りを一定にして，刃数を増せば，それだけテーブル送りは大きくできる。しかし，実際は機械工具や被削材，仕上げ面などによって制約を受け，標準切削条件が決まってくる（図3―7）。

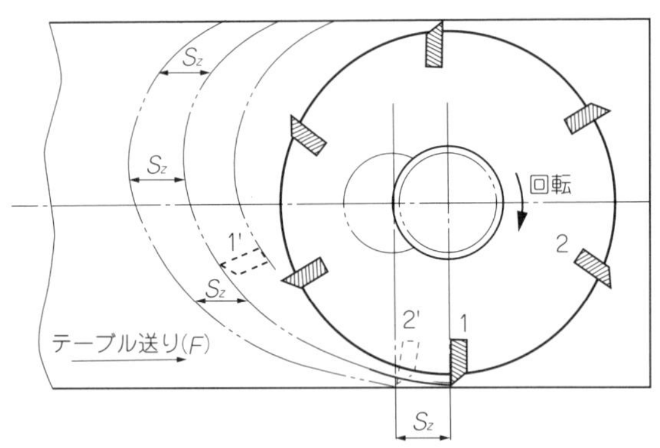

図3－7　1刃当たりの送り

その他，送りはいろいろの条件によって制限されるが，大きめにとったほうが有利であり，この理由としては，次の事項があげられている。

例えば，ステンレス鋼のように加工硬化を起こしやすいもののときに，小さな送りを採用すると，加工硬化層を切削するようになること，フライス工具の寿命は衝撃回数によって，寿命が決まることが多く，大きな送りのほうが切削距離が大きくなることなどがあげられるが，小さな送りは刃先に構成刃先（2．4項参照）を生じる。これは低い切削熱のため，刃先温度が上がらないときで，切削速度と関係する。

したがって，過大なレーキ角を持つのと同じ結果になり，チッピングを生じやすくなるからである。しかし過大な送りはチップの材種にもよるが，大きな切削抵抗を生じ，刃先を破損させやすくなり，この傾向は切削速度の増加，衝撃力の増大により助長される。したがって最適送り範囲は作業条件によって決まる(図3—8)。表3—3に1刃当たり送りの標準値を示す。送りの設定には次の事項を考慮するとよい。

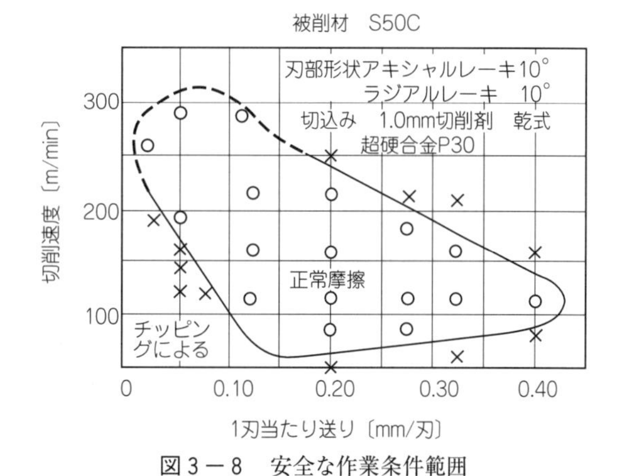

図3－8　安全な作業条件範囲

表3－3　1刃当たり送りの標準値　(mm／刃)

加工物材料		正面フライス HS	正面フライス C	ねじれ刃平フライス HS	ねじれ刃平フライス C	溝及び側フライス HS	溝及び側フライス C	エンドミル HS	エンドミル C	総形フライス HS	総形フライス C	メタルソー HS	メタルソー C
プラスチック		0.32	0.38	0.25	0.30	0.20	0.23	0.18	0.18	0.10	0.13	0.08	0.10
Aℓ，Mg合金		0.55	0.50	0.45	0.40	0.32	0.30	0.28	0.25	0.18	0.15	0.13	0.13
黄銅 青銅	快削	0.55	0.50	0.45	0.40	0.32	0.30	0.28	0.25	0.18	0.15	0.13	0.13
	普通	0.35	0.30	0.28	0.25	0.20	0.18	0.18	0.15	0.10	0.10	0.08	0.08
	硬	0.23	0.25	0.18	0.20	0.15	0.15	0.13	0.13	0.08	0.08	0.05	0.08
銅		0.30	0.30	0.25	0.23	0.18	0.18	0.15	0.15	0.10	0.10	0.08	0.08
鋳鉄	HB150～180	0.40	0.50	0.32	0.40	0.23	0.30	0.20	0.25	0.13	0.15	0.10	0.13
	HB180～220	0.32	0.40	0.25	0.32	0.18	0.25	0.18	0.20	0.10	0.13	0.08	0.10
	HB220～300	0.28	0.30	0.20	0.25	0.15	0.18	0.15	0.15	0.08	0.10	0.08	0.08
可鍛鋳鉄・鋳鉄		0.30	0.35	0.25	0.28	0.18	0.20	0.15	0.18	0.10	0.13	0.08	0.10
炭素鋼	低炭素・快削	0.30	0.40	0.25	0.32	0.18	0.23	0.15	0.20	0.10	0.13	0.08	0.10
	軟・普通	0.25	0.35	0.20	0.28	0.15	0.20	0.13	0.18	0.08	0.10	0.08	0.10
合金鋼	焼なまし HB180～220	0.20	0.35	0.18	0.28	0.13	0.20	0.10	0.18	0.08	0.10	0.05	0.10
	強じん HB220～300	0.15	0.30	0.13	0.25	0.10	0.18	0.08	0.15	0.05	0.10	0.05	0.08
	硬 HB300～400	0.10	0.25	0.08	0.20	0.08	0.15	0.05	0.13	0.05	0.08	0.03	0.08
	ステンレス	0.15	0.25	0.13	0.20	0.10	0.15	0.08	0.13	0.05	0.08	0.05	0.08

HS：高速度工具鋼フライス　　C：超硬フライス

(a)　送りを高めたほうがよいときは，

①　被削材に剛性があり，取付けもがん丈で重切削に向くとき。

②　被削材が工具を摩耗させやすい材質のとき，又は表面が粗く平らでないとき。

③　フランク摩耗が寿命を支配するとき，被削材が良好な材料のとき。

④　機械の剛性が十分なとき。

であり，

（b） 送りを下げなければならないときは，

① 工具構造が不安定なとき。

② 仕上げ面精度を向上させたいとき。

③ 深溝加工のとき。

④ 切れ刃が欠損するとき。

である。

（3） 切 込 み

フライスが回転して，被削材を削りとる深さを切込みといい，切削効率を上げるうえで，重要な要素である（図３―９）。

切削効率を上げることは，単位時間にいかに多く切りくずを作るかということで，このために，切込みを大きくするのも一方法であるが，被削材の取りしろ一杯に切り込むことは，経済的な寿命時間の点からすれば正しいとはいえない。切込みには工具形状に制約されるある限界があり，それを表３―４に示す。

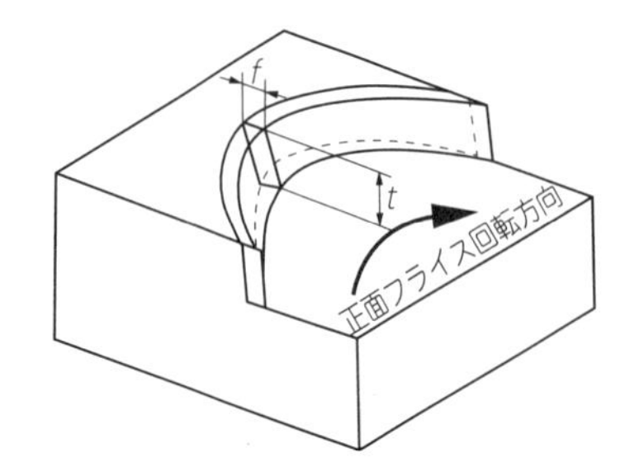

図３―９ 正面フライスの切込み

表３―４ 切込みの適正値

切込みの適正値	切込み〔mm〕
荒 削（緩 切 削）	3
〃 （普通切削）	5～6
〃 （強力切削）	6～15
切削仕上げ又は精密フライス	0.3～0.5

また，平フライスや側フライスの切削は，切削幅が狭く，切込みが大きい場合が多いため，１刃当たりの送りを小さくとる。エンドミルの溝削りはエンドミル径の１／２以下にする。しかし，側フライスで下溝をあけて，エンドミル径の１／２以上に切削することができる。被削材の特性を除外すれば，切込みの値は使用する機械の動力と剛性によって，さらには被削材の剛性と並んで，同時に被削材に作用する刃数によって決定されるが，一般には６mm以上の取りしろのときは，数回に分けて切削するほうが無難であり，良好な仕上げ面を望むときは荒削りと仕上げ削りに分けるほうがよい。

なお，平フライスや側フライスの円筒削りの場合，上向き削りで切込みを大きくすると，切削方向は切込みが大きくなるにつれて，テーブルを押す方向から持ち上げる方向に働くようになり，びびりができやすくなる。このため，切込みを大きくしたいときは，下向き切削で切削したほうがびびりがでない。

切込みが小さい場合は，被削材の弾性変形又は機械の軸受又はその他の接合部の遊びによって，切れ刃が被削材に食い込まず被削材をこすって，逃げ面の摩耗が急激に成長するので0.3～0.5mm以上とることが必要である。

（4）　エンゲージ角（食付き角）及びディスエンゲージ角（離脱角）

図3—10はエンゲージ角とディスエンゲージ角を図解したものである。この二つの角度は，鋼を超硬正面フライスで切削するとき，その寿命に大きな影響を与える。つまり，エンゲージ角を大きくすると，切込みの瞬間切れ刃の先端に近い部分が被削材に当たり，刃先に集中的な衝撃圧力がかかる。さらに，切込み場所の被削材形状は鳥の口ばしのようにするどい鋭角状に突き出しているため，この部分が，切削されず，逃げて変形するので，

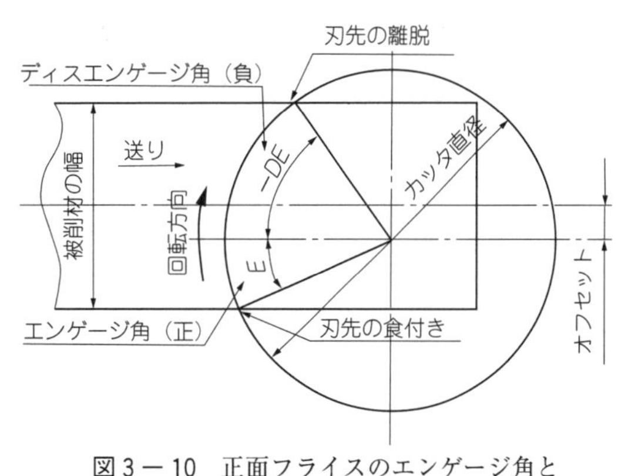

図3－10　正面フライスのエンゲージ角とディスエンゲージ角

切削圧力が過大となり，チッピングや欠損を生じ工具寿命を短くしてしまう。図3—11にエンゲージ角の変化と切込み瞬間の被削材と工具の関係を示す。また図3—12は幅一定の材料を同一の正面フライスで，主軸中心と材料の位置を変えることにより，二つの角度を変化させた場合の工具耐欠損試験結果である。両角とも正の上向き削りより，負の下向き削りのほうが，寿命が長いことが分かる。特に，高速切削ほど，ディスエンゲージ角は負の大きい値ほど寿命によい影響を与える。

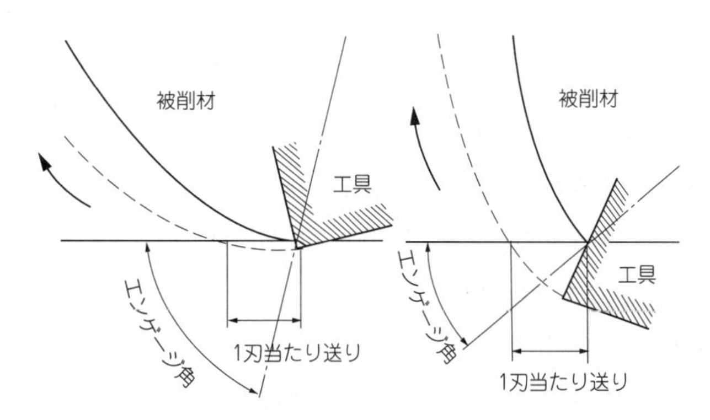

図3－11　エンゲージ角の変化と切込み瞬間の被削材と工具の関係

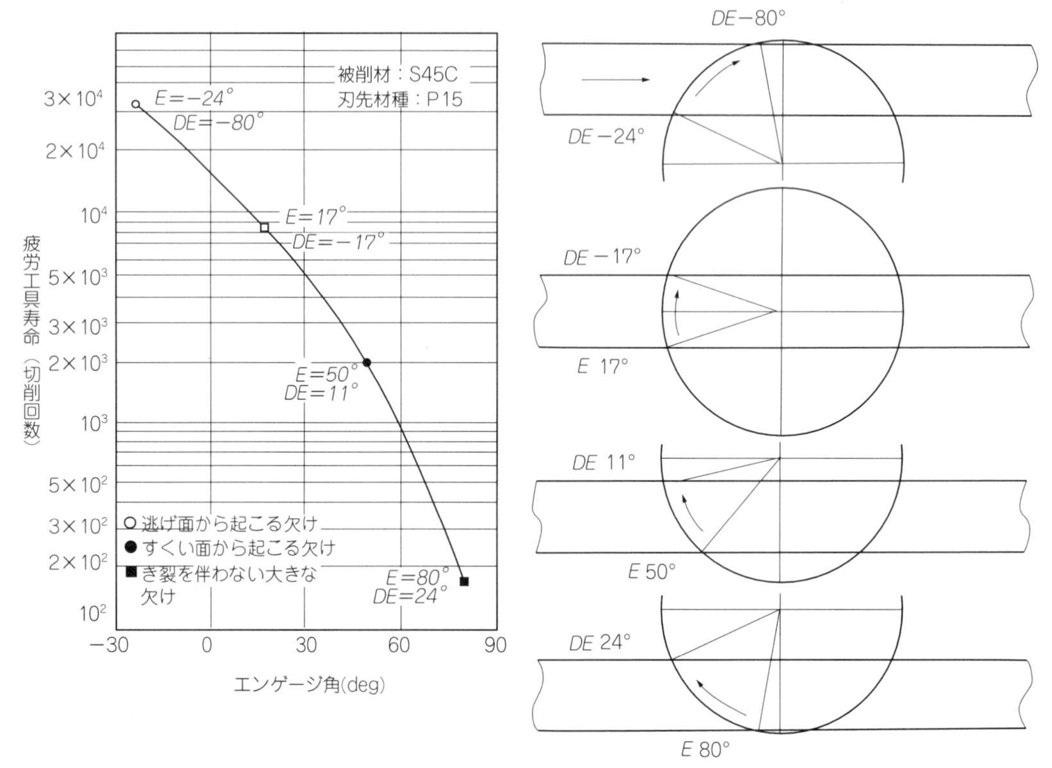

図３－12　エンゲージ角，ディスエンゲージ角と工具寿命

（5）刃　　数

正面フライスの刃数の決定に際し，次の要因を考慮しなければならない。

a．フライス盤の動力及び剛性

切削に必要な動力や剛性を決める要因の中に，同時に切削する刃数の平均値がある。つまり，フライス盤の動力及び剛性の許容する範囲で，刃数を最適にする必要がある。超硬合金では，高速度工具鋼より刃数を少なめにする。また，耐熱鋼のような切削抵抗の大きい材料を切削するときは，刃数は少なくて，剛性の大きい工具を使う。

b．切りくずの排出性

鋼やアルミニウム合金のように，連続した切りくずが排出される場合，大きいチップポケットが必要である。鋳鉄は，鋼より小さいポケットでよい。このことにより，刃数は，空間的に配置が限定される。

c．切 削 幅

正面フライスの直径に比し，狭い切削幅か又はその集合体を切削する場合，刃数が少なく，同時切削刃数が１個となるようであると，振動が発生しやすく，工具の寿命を短縮するので，刃数を多めにする。また被削材の幅が広くクランプが弱いときは，刃数を少なめにする。

刃数の最適数として，鋼では，直径のインチ表示数，鋳鉄ではその２倍が目安とされている。つまり，８インチ（200mm）の場合鋼では８個，鋳鉄では16個である。

２．３　切りくずの生成

（１）　切りくずの形状

切削加工で切りくずの発生する状態は，刃物の形，工作物の材質，切削速度，切込み，送り，切削油剤などによって変わってくるが，普通は，流れ形，せん断形，裂断（むしれ）形，き裂形の４種類に分類される。

ａ．流れ形切削

流れ形切削は，切りくずがバイトのすくい面に沿って斜め上方に向かってほとんど連続的に発生するため，切りくずがちょうど流れ出るようにみえる（図３—13（ａ））。

これは，図３—13（ｂ）に示すように刃物の刃先がＡからＢに進む間に平行四辺形Ａ，Ｂ，Ｃ，Ｄの部分がそれより上の切りくずと一緒にＢＣ面に沿って滑ってＡ′，Ｂ′，Ｃ′，Ｄ′の位置まで押し上げられ，次に進む間に同じことを繰り返すと考えられる。ただ実際にはこの滑りの間隔が非常に狭い。

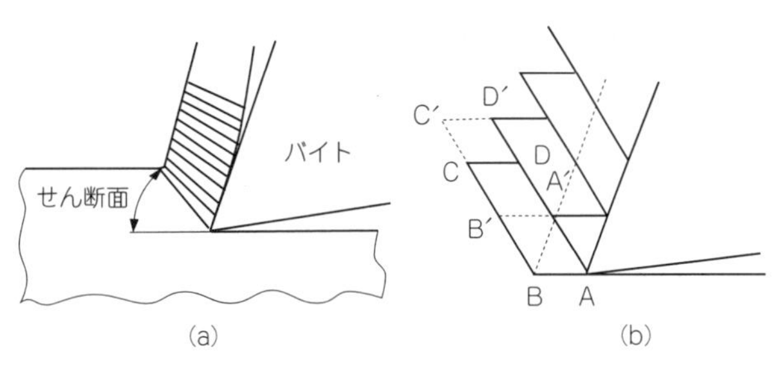

図３－13

すなわち，平行四辺形が薄いため切りくずはぎざぎざにならず，図（ａ）のように連続してみえる。

流れ形の切りくずは，軟鋼や銅など比較的粘い軟らかい材料を，大きなすくい角で切込みを少なく切削速度を大きくして削ると出やすく，切削作用が滑らかで，仕上げ面が良好である。

ｂ．せん断形切削

せん断形切削はせん断角でせん断されて離れ，ある間隔ごとに深いくびれのある一様でない切りくずが連続して発生するが，くびれた部分から折れやすく，流れ形をこま切れにしたようにみえる（図３—14（ａ））。

これもやはり薄い層の滑りによるものであるが，図（ｂ）に示すように刃物の進行に伴ってしだいに減少し，そのためあるくびれをもった形になってそれを繰り返す。仕上げ面は流れ形に比べて劣る。

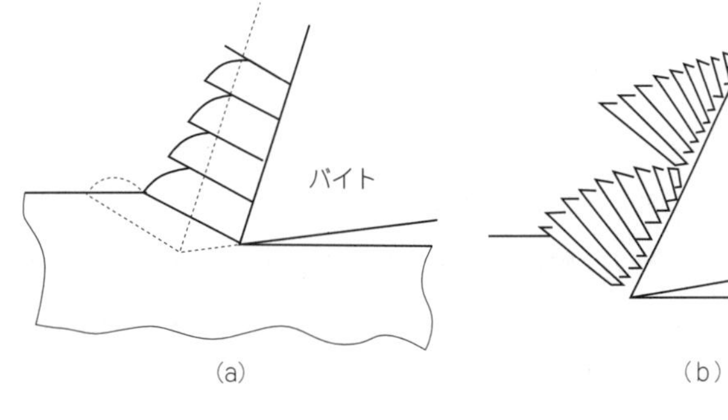

図３－14

ｃ．裂断（むしれ）形切削

裂断（むしれ）形切削は切りくずがバイトのすくい面に沿って流れなくて，刃先が工作物をむしりとるように発生する。これは，図3―15に示すように切りくずが刃先に粘りついて流れず，刃物の進行に従ってますます切りくずが刃先にたまり，斜め上方に滑ることができず，ついに刃先前方の材料に裂け目ができてむしりとられる。裂け目は切削方向よりやや下方に向かうのが特徴である。

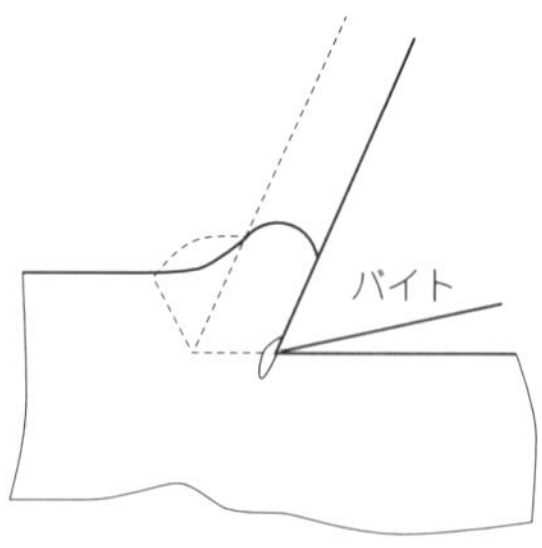

裂断（むしれ）形の切りくずは，すくい角が小さく，切込みが大きく，切削速度が小さいときに発生する。仕上げ面はむしりあとが残り，ざらざらした粗雑なものになる。

図3－15

d．き裂形切削

切削時，ほとんど塑性変形を起こさずに，表面からはがれるように，刃先前方にき裂を生じながら切りくずが生成される。鋳鉄などのようなもろい被削材を切削する場合に生成される。

図3―16は，軟鋼のすくい角と切込み量を変えて切削したときの切りくずの形態で，流れ形はすくい角10～30°，切込み0.5mm以内で，また裂断（むしれ）形はすくい角を小さく，切込みを大きくしたときに起こりやすいことが分かる。

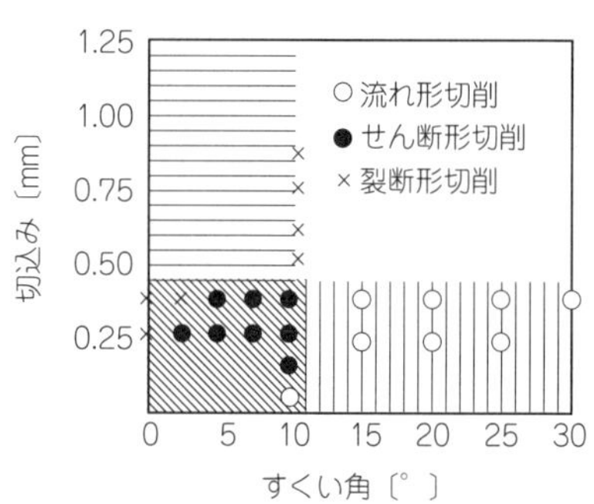

図3－16　切りくず生成の条件

2．4　構成刃先の発生と防止

切削時に，工具のすくい面上に切りくずの一部が付着していることをよく見かける。これは，切削の進行に伴って，切りくずがすくい面上に，層状にたい積凝着したもので，非常に硬い組織になっている。そして，このたい積物は，二次刃先になって切れ刃の代わりに切削を行うこともあり，構成刃先と呼ばれている。図3―17に構成刃先を示す。

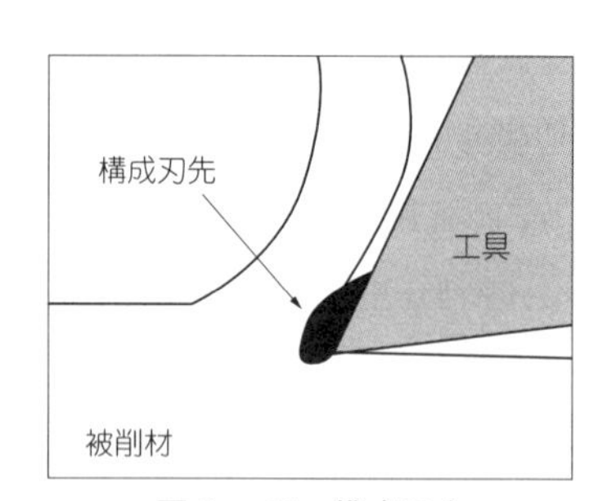

図3－17　構成刃先

構成刃先は，軟鋼，黄銅，ステンレス，アルミニウムなどのように延性に富んだ被削材に発生しやすい。また，被削材の材質と親和性の高い工具材種を用いる場合にも発生しやすい。

また，構成刃先は，図3―18に示すように発生，成長，分裂・脱落という過程を，きわめて短時間のうちに繰り返し，発生している。

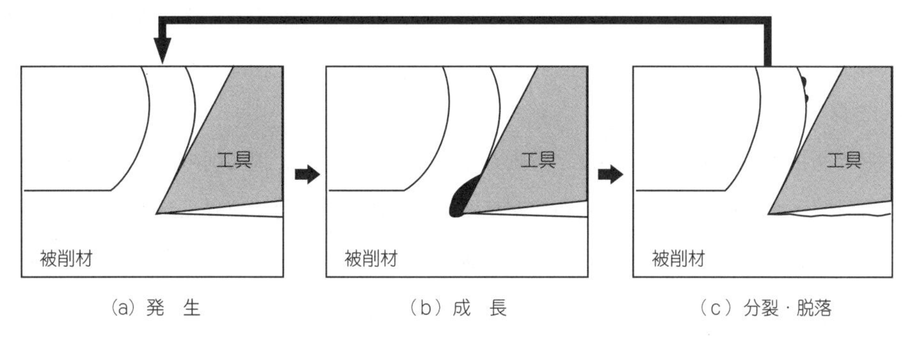

図3－18　構成刃先の生成

構成刃先は二次刃先になって切れ刃を保護する役目もするが，一般には，構成刃先の発生によって，次のような悪い影響を切削にもたらす。

① 構成刃先の生成，脱落などにより，切込みの深さが変化し，切削抵抗が絶えず変動する。

② 構成刃先の先端部の丸みは成長に従って大きくなる。その結果，仕上げ面の品位を著しく低下させる。

③ 切りくずのせん断作用を悪化させ，残留応力や加工変質層を大きくする原因になる。

④ 構成刃先は切れ刃に強固に付着しており，脱落時に切れ刃を欠損させる原因になる。

したがって，通常の切削では，構成刃先の発生を防ぐための，切削条件等の改善を図る必要がある。

構成刃先はある程度の温度と圧力によって生成する。しかし，もともと被削材の一部から生成されたものであるから，被削材の再結晶温度以上になると，二次刃先としての硬さを失い，構成刃先は切りくずとともに流出してしまう。

以上のことを考慮して，工具や切削条件などの設定をすると構成刃先の発生を防止することができる。以下，構成刃先の発生を防止するためのいくつかの方策を示す。

(1)　切削速度について

耐熱性に富む工具材料（超硬工具やサーメットなど）は，切削速度を速くして切削温度を上げ，被削材の再結晶温度以上で切削するようにする。

(2)　切込み・送りについて

超硬工具やサーメットでは，切込み・送りを大きくして切削温度を高めて構成刃先の発生を防止する。一方，耐熱性の低い高速度工具鋼では，切削温度を高くすると刃先が軟化してしまうので，構成刃先発生に必要な温度と圧力がかからないように，切込み・送りを小さくする。

(3)　切削油剤について

潤滑能の高い不水溶性切削油剤を給油すると，工具刃先と被削材の滑り摩擦が小さくなり，切りくずが流出しやすくなる。したがって構成刃先は発生しにくくなる。

冷却能の高い水溶性切削油剤を給油すると，高速切削での刃先軟化の防止，あるいは，被削材や工作機械の熱影響の軽減などに役立つが，切削温度の低下によりかえって構成刃先の発生を促進させることにもなる。

（4） 工具材料について

工具材料と被削材の親和性が高いほど構成刃先は発生しやすい。鋼切削の場合，サーメット，超硬工具，高速度工具鋼の順に鋼との親和性が高くなる。仕上げ切削で超硬工具よりもサーメットのほうがきれいに仕上がるのは，親和性が低く，構成刃先の影響が少ないことが大きな原因になっている。

（5） 工具刃先の形状について

すくい角が30度以上になると構成刃先は発生しなくなる。したがって，刃先強度の低下をもたらせない程度にすくい角を大きくする。しかし，超硬工具の場合は，切削温度を維持する上でも，すくい角は小さいほうが構成刃先の防止に役立つ。

（6） その他の防止策

面粗さがよく，鋭利な切れ刃稜の工具を使用し，切りくずの流出性をよくする。

断続切削や不連続な切りくずが発生するような場合には，構成刃先の成長が妨げられ，構成刃先の影響が少ない。このような状況を意図的に設定し，構成刃先発生の防止に役立てていることもある。

2．5 仕上げ面粗さ

切削によってどの程度の仕上げ面粗さに仕上げることができるかということが問題になるが，表3—5に代表的な加工法についての目安を示す。丸削り（旋削）でも0.4Sの仕上げ粗さで加工することが可能な場合がある。

また研削は，一般に0.4Sまでであるが最近の鏡面研削用研削盤では，0.1Sが可能である。

切削により仕上げられた表面の粗さには，切削方向と送り方向の二つの粗さがある。切削方向の粗さは，切りくずの生成状態で分かるように，流れ形，せん断形，裂断（むしれ）形の順でわるくなる。また構成刃先の成長，脱落により，仕上げ面の状態はよくなったり，わるくなったりすることが多い。

また切削速度を速くすると仕上げ面粗さによい影響を与えるので，高速切削が有利で，構成刃先も発生しにくくなり，また切削油剤を使用することにより仕上げ面はよくなる。工作物の材質の影響は一般的に高硬度，高引張強さ，低展延性の材料ほど良好となる。

表3—5 加工法別の粗さの範囲

加工法	範囲（単位S）
丸削り（旋削）	1.5～100
中ぐり	3～50
フライス削り	3～50
平削り，形削り	12～50
きりもみ	12～50
リーマ通し	1.5～25
研削	0.4～25
ホーン仕上げ	0.2～6
ラップ仕上げ	0.1～0.8

図3—19に示すように工具刃先の形状及び送りの大きさによって，仕上げ面の粗さが異なる。一

般に，送りが小さいほど仕上げ面粗さはよくなる。また，工具先端部のコーナ半径が大きいほど仕上げ面粗さはよくなる。ただし，コーナ半径が大き過ぎると背分力が増し，びびりが発生しやすくなる。びびりが発生すると仕上げ面粗さは著しく低下する。

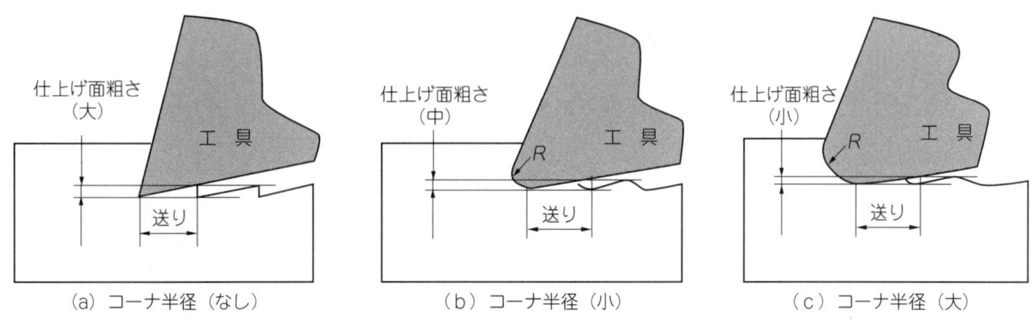

図3－19　コーナ半径と仕上げ面粗さ

仕上げ面の粗さは，下記のように計算で求めることができる。これを**理論粗さ**というが，実際の加工で得られる仕上げ面粗さは，理論粗さよりも精度は低くなる。

【理論粗さの計算式】

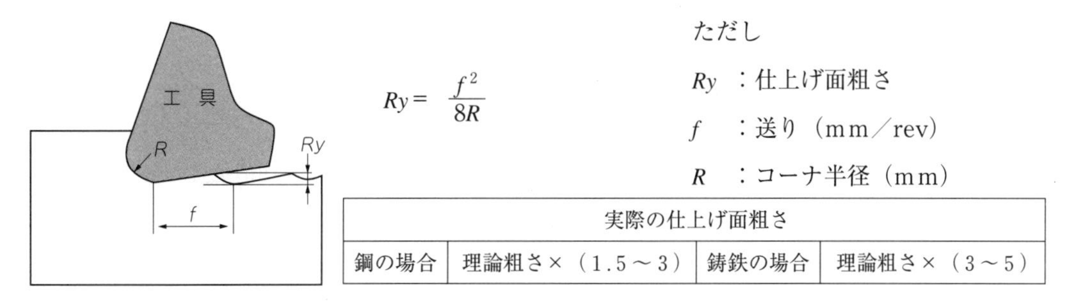

$$Ry = \frac{f^2}{8R}$$

ただし

Ry　：仕上げ面粗さ

f　：送り（mm／rev）

R　：コーナ半径（mm）

実際の仕上げ面粗さ			
鋼の場合	理論粗さ×（1.5～3）	鋳鉄の場合	理論粗さ×（3～5）

図3－20　理論粗さの計算式の説明

仕上げ面の精度に影響する要因として次の事項が考えられる。

①　フライス盤各部の精度及び熱変位など

②　フライス工具の刃先形状や刃先精度，取付け方法（センタリングプラグの入る穴表面の傷や，異物の付着による偏心），剛性

③　切削速度，送り，切込み，切削油剤などの条件

④　被削材の形状，材質，取付け方法など

仕上げ面精度を要求される場合，スローアウェイ式の正面フライスに取り付けることのできるさらい刃と呼ばれるチップを取り付けて切削したり，横すくい角が－30°という値で，サーメット系チップを取り付けた仕上げ専用正面フライスで切削を行うことがある。

2．6　切削抵抗

（1）　平フライスの切削抵抗

切削工具が，材料を切削するとき，刃先から被削材には切削力が作用し，被削材からは刃先に対し，切削抵抗が作用する。ここでは，平フライスによる平面切削における切削力と切削抵抗について述べる。図3―21は，上向き削りと下向き削りの場合の切削力Rとテーブル送り方向の分力F_H及び垂直方向の分力F_Vを示す。

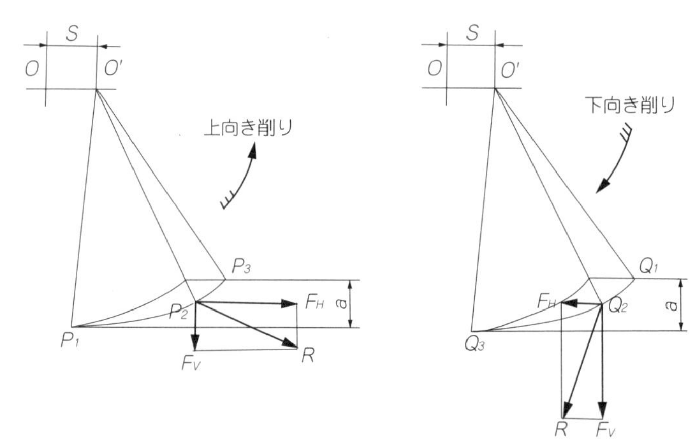

図3－21　平フライスの切削力と分力

図3―22は，上記二つの切削時の，切削速度や送りを変化させた場合の切削抵抗の変化をグラフに表示したものである。これより，次のことがいえる。送り方向の分力F_Hは上向き削りが，下向き削りよりかなり大きい。さらに下向き削りでは，F_Hの方向が，送り方向と同じなのでテーブル送りに要する動力の消費が少なくてすむが，テーブル送りのバックラッシ除去装置が必要となる。上向き削りでは，テーブル送りのバックラッシは自動的に除かれるが，テーブル送りに要する動力の消

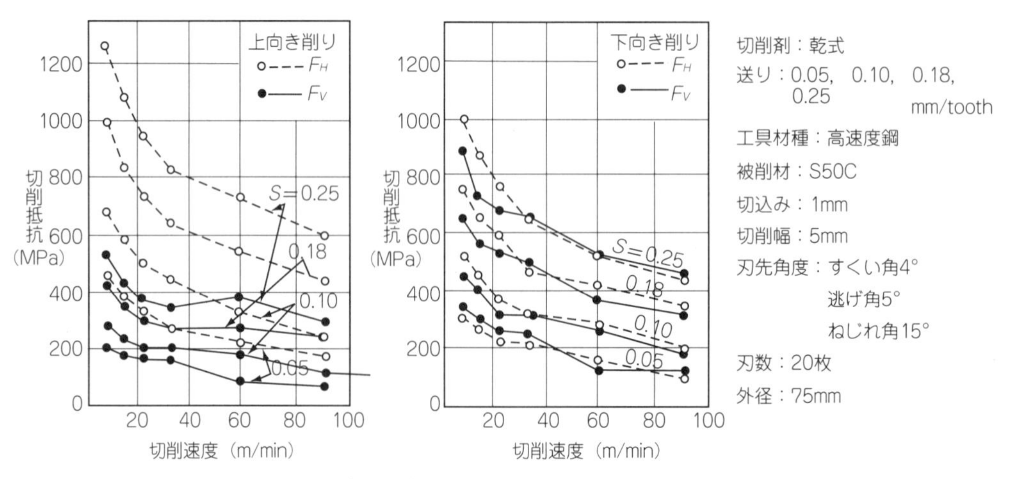

図3－22　水平分力，垂直分力と切削速度，送りの関係

費は大となる。

テーブルに垂直方向の分力F_vは，下向き削りのほうが大きくなる。つまり，工作物を押しつける力が大きくなるので，切削時，材料取付け具は構造的に簡単でよい。

（2）　平フライスの切削動力

切削作業に必要な動力は，被削材種，切れ刃の形状，切込み，送り，切削速度，さらには刃先の摩耗程度等のすべての要素に影響されるので，確度の高い予測は不可能であり，各々の場合に応じて実測を行うより他に方法はない。

平フライスの場合にフライス盤の伝動効率（75％）を考えて，その定格動力から1分間に削り得る切削量を求める実用表を表3―6に示す。正面フライスの場合は，同一動力で平フライスの約5割増しの切削量を得る。

表3―6　　平フライスの可能切削量

被削材	機械の定格動力〔kW〕						
	2.2	5.5	7.5	11	15	22	30
	可能切削量　Vcm³/min（100％負荷）						
アルミニウム	44	142	195	295	440	780	1,100
青銅・黄銅（軟）	39	122	163	260	390	670	983
〃（普通）	28	86	118	180	279	490	700
〃（硬）	12.7	41	55	86	127	245	328
鋳鉄（軟）	26	85	116	180	260	459	670
〃（硬）	16	54	75	115	163	295	425
〃（チル）	12.7	41	55	86	127	212	310
可鍛鋳鉄	16	55	77	118	180	295	425
鋼（軟）	16	54	75	114	163	295	425
〃（普通）	12.7	41	55	86	127	212	310
〃（硬）	9.1	29.5	41	64	93	163	228

（備考）　1分間当たりの可能切削量V〔cm³/min〕は次式で表される。

$$V=\frac{a\cdot B\cdot S}{1000}$$

a：切込み〔mm〕
B：被削材の切削幅〔mm〕
S：1分間当たりのテーブル送り〔mm/min〕

（3）　正面フライスの切削動力

切削に必要な動力は被削材や切削条件によって，著しく変化するが，正面フライスの切削動力の計算には次のような計算式がある。

$$N=\frac{K_S\times a\times S_z\times v\times Z_{iE}}{9.8\times 60\times 102\times \eta}$$

ただし，N：切削動力〔kW〕

K_S：比切削抵抗〔MPa〕（表3—7）

a：切込み〔mm〕

S_z：1刃当たり送り〔mm／刃〕

v：切削速度〔m／min〕

Z_{iE}：同時に切削作用をする刃数の平均値

η：機械効率（=0.5～0.8）

（図3—23参照）

比切削抵抗は被削材の材質や1刃当たりの送り等によって変わる。表3—7に各種被削材の比切削抵抗を示す。

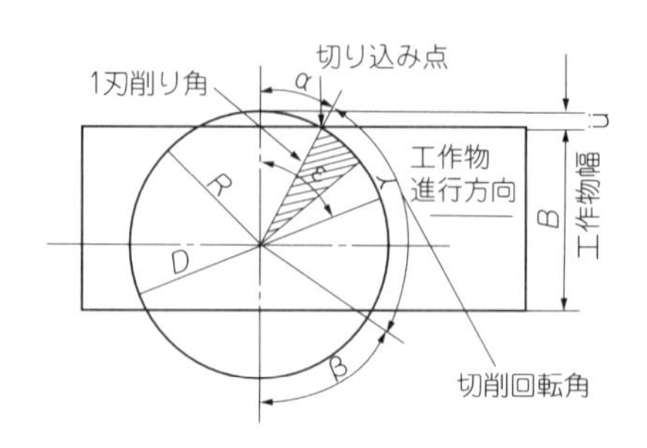

$$Z_{iE} = \frac{\gamma}{\varepsilon} \;;\; \varepsilon \; \frac{360°}{Z}$$

$$\gamma = 180° - (\alpha + \beta)$$

$$\cos\alpha = \frac{B-(R-ü)}{R} \;;\; \cos\beta - \frac{R-ü}{R}$$

図3－23　切削動力の計算式の説明図

表3－7　各種被削材の比切削抵抗　（MPa）

被削材 引張強さ（MPa）	1刃当たり送り〔mm/刃〕						基準切削速度〔m/min〕
	0.1	0.2	0.3	0.4	0.5	0.6	
鋳鉄　HBW=180～200	1803	1352	1156	1068	1019	970	50～60
鋼　686～784	2666	2136	1960	1862	1803	1774	120
鋳鋼　490～686	2254	1784	1660	1588	1548	1519	50
軽合金	1372	882	725	637	568	549	400

（注）　HBW：ブリネル硬さ。

前記の式と表3—7のデータを利用して，鋼を正面フライスで切削すると切削動力は次のようになる。なお，切込み a = 3mm，1刃当たり送り S_z = 0.3mm／刃，切削速度 v = 120m／min，同時に作用する刃数の平均値 Z_{iE} = 1.82，機械効率 η = 0.8とする。

$$N = \frac{1960 \times 3 \times 0.3 \times 120 \times 1.82}{9.8 \times 60 \times 102 \times 0.8} = 8.0\,\mathrm{kW}$$

2．7　切削温度

一般に金属を切削するために必要な仕事は次の三つである。

① 材料を変形して切りくずとするためのせん断仕事

② 切りくずと切削工具面との間の摩擦仕事

③ 刃先で切りくずをひきさくための仕事

このうち③は全切削力に比べれば小さいと考えられる。実験によれば，切削仕事の約90%は①，②のために熱となり，残り10%は材料内に伝わる。

また普通の切削では，せん断仕事のほうが摩擦仕事よりも大きく，すくい角10°の刃物で流れ形切削を行ったときでは，せん断仕事が約70%，摩擦仕事は30%程度であることが明らかにされている。

このように切削仕事の大部分は熱となり，せん断面とすくい面とに発生するが，切削中の刃先温度を正確に測定することは非常に難しい。現在では刃物と被削材を熱電対として測定する方法（図3—24），刃先近くに熱電対を入れて測定する方法（図3—25）が行われているが，刃先付近の温度は，相当急激な温度こう配があり，変化が激しいので完全とはいえない。

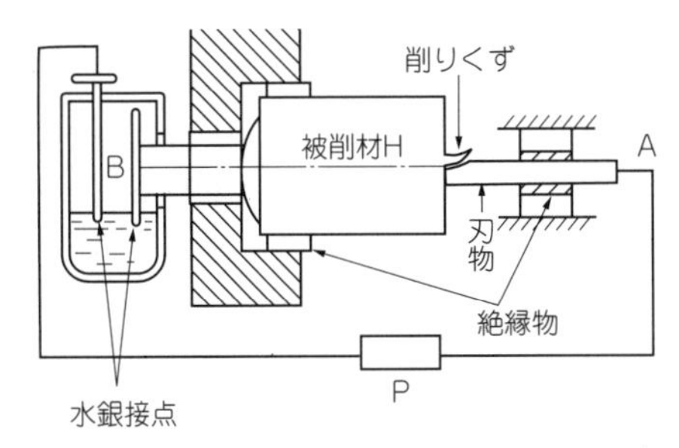

図3－24　切削温度の測定装置

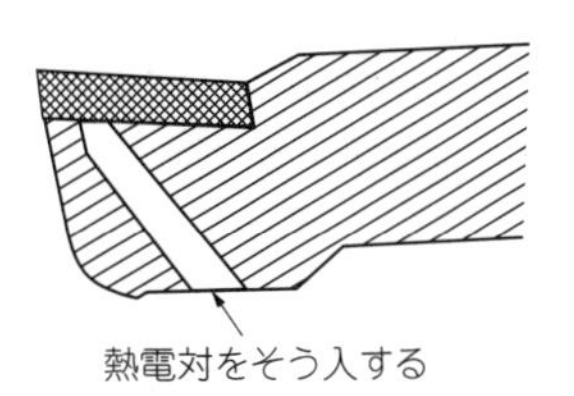

図3－25　熱電対による切削温度の測定例

図3—26に示すように低速切削では切りくずせん断仕事が影響し，高速切削になるほど刃物の切りくずの摩擦が重要な因子となることが分かる。

図3—27は理論的熱解析から切りくずの厚さと切削速度と刃先最高温度の関係を求めたものである。また図3—28の例で切削温度の分布は切りくずが切削工具から離れる点の近くで最高である。

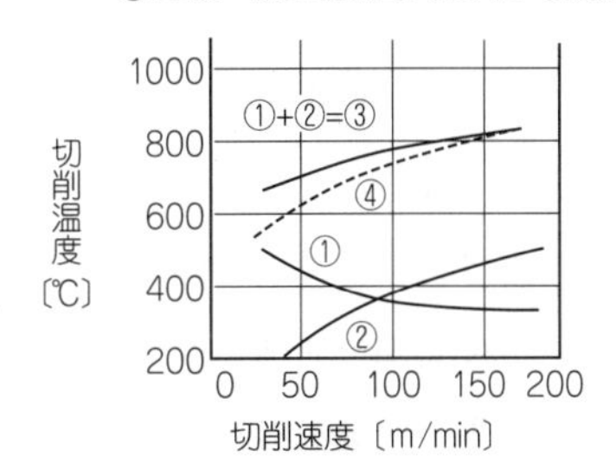

図3－26　切削速度と切削温度との関係

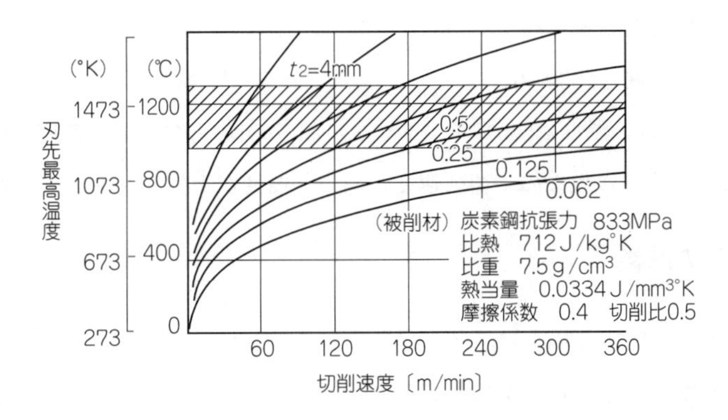

図3－27　種々の切りくず厚みに対する切削速度と刃先最高温度との関係

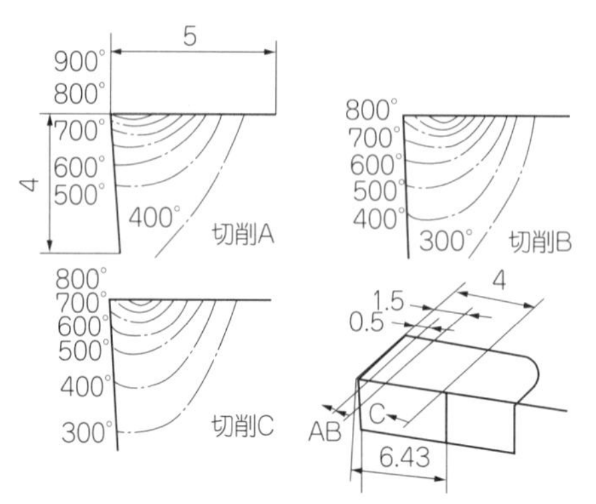

図３－28　バイト内部の温度分布を示す等温線図

また，切削温度は切削速度が増大するとともに急激に上昇する。切削温度と切削速度との関係は次のように表される。

$$\theta = CV^n$$

ただし，θ：切削温度〔℃〕

V：切削速度〔m／min〕

C：定数

n：定数

とする。

この式は，両対数座標を用いて表すと直線的関係になることを示している。図３―29は種々の硬度に熱処理したＳＡＥ―9545鋼を切削速度を変えて削ったときの切削温度との関係を示し，$\theta = CV^n$の関係にある。図より硬度が高ければ切削温度も高くなる，つまりブリネル硬さ183のものを30m／minで削るときの温度は555℃で，ブリネル硬さ401のものを同一速度で切削するときは645℃になる。また，nは正の数なので切削速度が増すと温度が上昇し，刃物の摩耗も増大する。

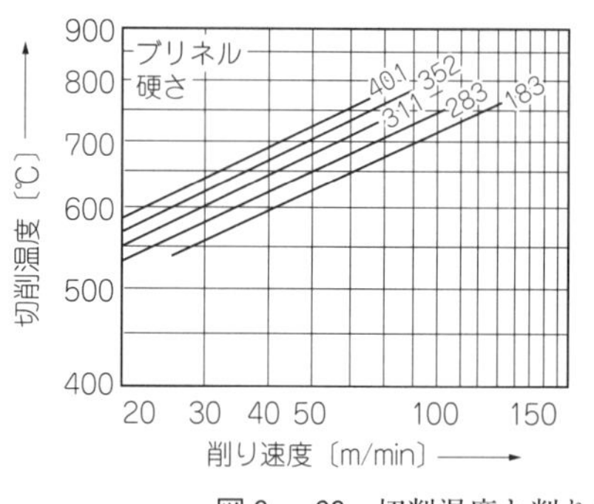

図３－29　切削温度と削り速度

２．８　切削工具の摩耗

切削工具の摩耗は，切削する以上は，必ず起きるものである。切削工具の摩耗には，図３―30に示すように，逃げ面摩耗とすくい面摩耗とがある。

（１）　逃げ面摩耗（フランク摩耗）

逃げ面摩耗は，フランク摩耗ともいって，切削工具の横逃げ面と前逃げ面にできる。これはごく小さなチッピングの集積と考えられている。前逃げ面の摩耗は，寸法精度と仕上げ面に影響してくる。

逃げ面摩耗は一様ではなく，先端が大きく，中央部が細く，ほぼ一様になり，終りでまた大きくなることが多い。

逃げ面摩耗の大きさは，その幅の寸法で表し，V_Bで示す。ただたんにV_Bとすれば，図３—31のV_{B2}のことで，「逃げ面摩耗幅」という。V_{B3}は「境界摩耗」といい，このV_{B3}のでかたは被削材質や切削速度でずいぶん変わる。

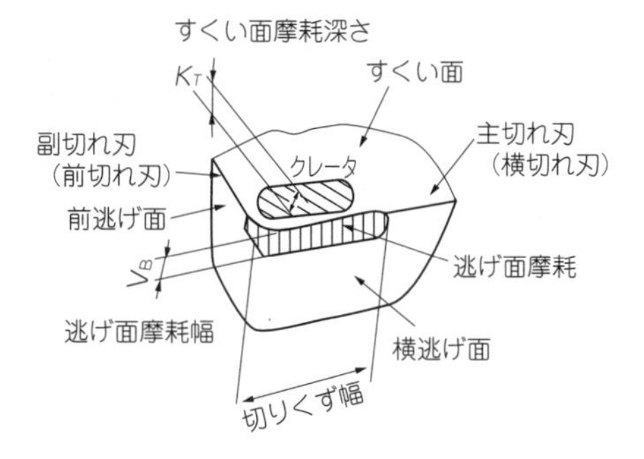

図３－30　逃げ面摩耗とすくい面摩耗

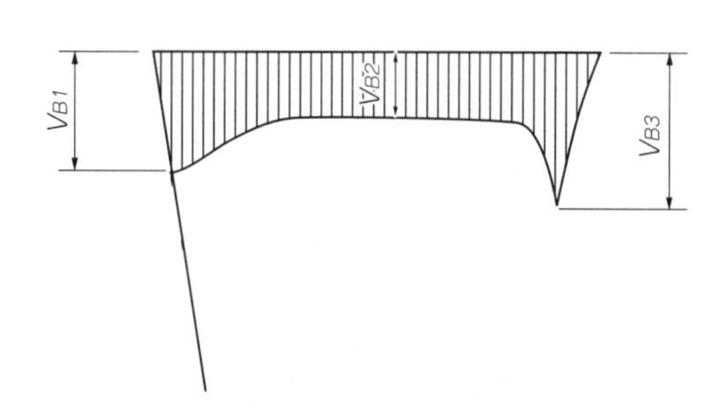

図３－31　横逃げ面と逃げ面摩耗

（２）　すくい面摩耗（クレータ摩耗）

すくい面摩耗は，クレータ摩耗ともいう。月のあばた，つまり月の表面のへこんだところをクレータというが，それと同じことばで，いわば切削工具にできたあばたである。切りくずと切削工具のすくい面との摩擦によって，切削工具材の組織が切りくずの裏側について，少しずつ持ち去られて起こるものである。

できるところは，図３—32のように，切れ刃の先から少し中へ入ったところで，先端は堤防のように残るのが普通である。

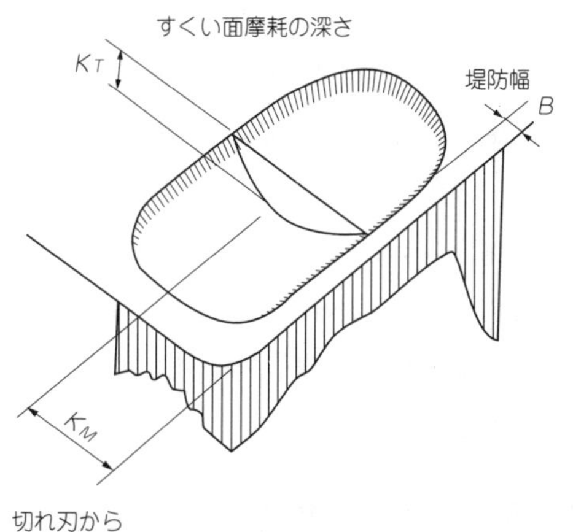

図３－32

すくい面摩耗は，普通その深さではかり，K_Tで示す。このほか，すくい面摩耗は，その切れ刃の先端から最深部までの距離（K_M），堤防の幅（B）なども問題にされることもある。それは，被削材の材質と切削速度，送りによって，そのすくい面摩耗のできかた（つまりその位置と深さ）が違うからである。

切りくずが流れ形の材質では，刃先から遠く，せん断形の切りくずをだす材質では，刃先近くにできる。それによって，堤防の幅も違う。なお，鋳鉄のように，黒皮部分が一定しない被削材では，境界摩耗は明確にならない。

（3） 切削工具の摩耗と切削速度，送り，すくい角との関係

切削速度が低い場合には，切りくずがすくい面に接する長さが長いため，すくい面摩耗は浅い。切削速度が高い場合には，切りくずがすくい面に接する長さが短く，圧力が大きいためにすくい面摩耗が深くなる。

送りが大きくなるに従って，すくい面摩耗は，幅が大きくなり，深さも深くなる。しかし，逃げ面摩耗は，送りがいちばん小さい場合が大きく，送りを大きくするとかえって小さくなる。送りが小さすぎると逃げ面ばかりをこすらせていることになる。つまり送りを小さくしたら，かえって摩耗が大きく，しかも能率もわるいということである。

また，すくい角が小さいほうが，切りくずのせん断角が小さくなり，すくい面摩耗は後方に下がる。しかし，すくい角を大きくすれば，すくい面摩耗は刃先先端のほうへ上がっていく。逃げ面摩耗では，すくい角を小さくすれば，逃げ面摩耗の境界摩耗が非常に大きくでてくる。しかし，すくい角を大きくすれば，逃げ面摩耗がはっきりでてくる（構成刃先も付くようになる）。

（4） 切削工具のその他の損傷

図3―33に切削工具のその他の損傷を示す。チッピングは切れ刃稜に発生する微小な欠けで，衝撃や振動などにより発生するが，切削は続けられる。欠損は刃先に発生する大きな欠けで，切削は不能となる。き裂は刃稜に発生するひび割れで，加熱冷却サイクルによる熱疲労や，断続切削などによる繰返し応力が原因とされる。塑性変形は切れ刃の軟化による変形である。

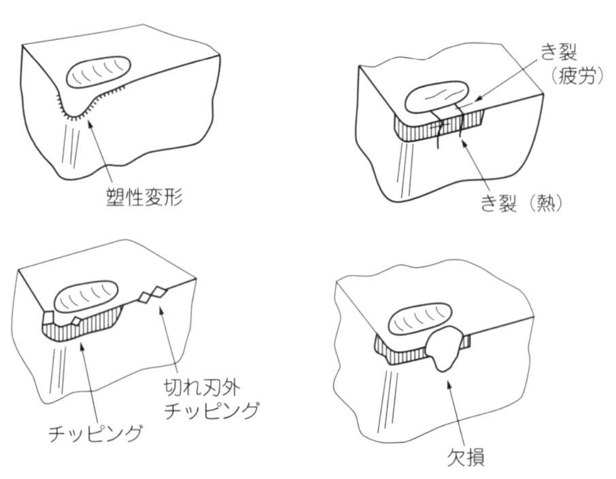

図3―33 切削工具のその他の損傷

2．9 フライスの寿命

（1） 寿命の判定

前述したように，切削工具に欠損，き裂，塑性変形が発生すれば，切削は続けることはできない。また，その前でも，工作物の寸法精度や，仕上げ面粗さなどが要求される基準におさまらなくなれば，工具を取り換えなければならない。

一般的には，工具の寿命は刃先の摩耗量，特にすくい面摩耗，逃げ面摩耗，チッピング（微小欠損）により判定するが，フライス切削は断続切削であるから，機械的衝撃によって発生しやすい逃げ面摩耗（V_B）とチッピングによって判定が行われる。超硬フライスでは普通V_B＝0.3～0.5mm，精密加工で，0.1mm以下を工具寿命判定基準としている。鋳鉄の荒削りでは0.7～1.0mmとする場合

がある。

鋳鉄の超硬正面フライスによる切削では，$V_B=0.5$mmで所要動力が大きくなり，$V_B=0.6$mmくらいで，切りくずの色が褐色を帯び，$V_B=0.7$mmで青色に変化し，切削面は光沢を持ち，かなり温度が上昇し，工具逃げ面の摩耗部分が強く摩擦される。この状態を過ぎて切削を続けると，刃先では，熱的，機械的衝撃により疲労欠損を生じやすくなる。このような状態での寿命を疲労工具寿命という。

普通の切削における寿命方程式は，フライス切削においても成立する。

$$V\times T^n=C$$

V：切削速度（m／min）　T：工具寿命（min）　n及びC：定数

さらに切削温度について，次の関係が成立する。

$$\theta\times T^n=C$$

θ：切削温度　n：定数

切削温度は，切削速度や送り，被削材の硬度などに関係がある。軽合金は，軟らかく，熱伝導率が大きいので，高速切削が可能であるが，耐熱鋼は，硬く，熱伝導率が小さいので，高速切削は不可能である。

（2）　工具材料と切削速度と寿命

逃げ面摩耗の幅による寿命判定では，工具寿命と切削速度の間には$V\times T^n=C$という関係が成立するが，これを普通目盛のグラフにすると図3―34のようになる。これを寿命曲線と呼ぶ。この式の両辺の対数を取ると$\log V=-n\times\log T+\log C$となり，両対数目盛のグラフにすると図3―35のようになる。nは，こう配となり，切削工具と被削材により定まる。この図では，高速度工具鋼と超硬合金，セラミックをグラフ化したが，セラミックは高速度工具鋼に比べ，高速切削でも寿命がはるかに長いばかりでなく，速度による寿命の変化が少なく，安定しているといえる。

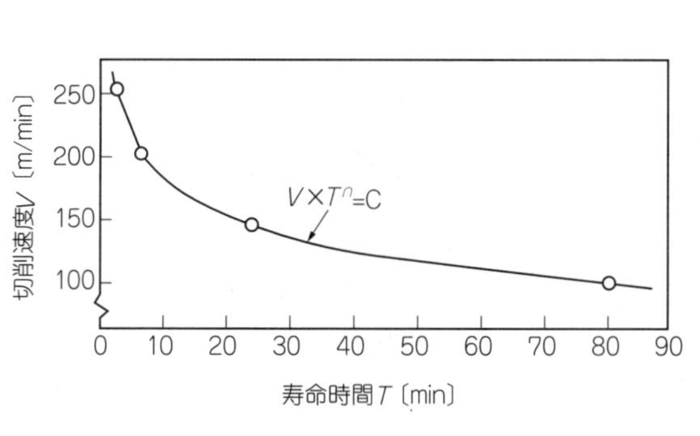

図3－34　工具寿命曲線

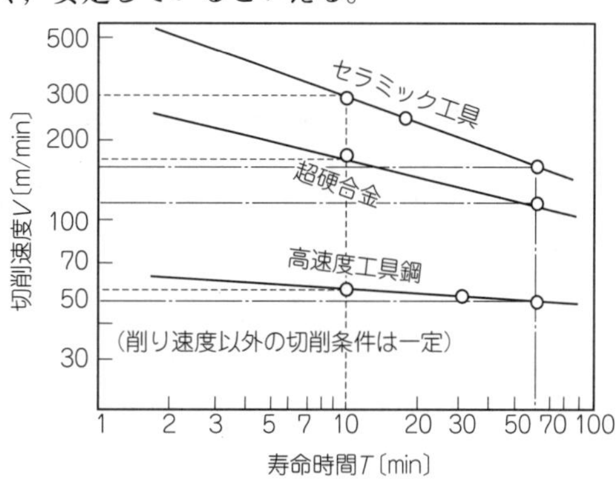

図3－35　各種工具寿命直線

2．10　切削能率と経済性

切削だけを考えると，切削速度を大きくして，単位時間当たりの切りくず排出量を多くすることが，切削能率や経済性を高めるように思われるが，過度に速度を大きくすると，前項に述べたように工具寿命を短くし，工具費用や，取付け時間を長くして，全体的には，能率低下と経済性を低める結果となる。切削速度を選定する場合，次の各種の場合がある。

（1）　切削工具寿命を一定にする方法

旋盤では60分，タレット旋盤では4時間，自動旋盤では8時間などが経済的とされ，標準切削条件をこのようになるように定める。

（2）　単位時間当たりの切削量が最大になるようにする方法

$$Q=\frac{F\times V\times T}{T+t}\times 60\ (\mathrm{cm}^3/\mathrm{h})$$

Q：1時間当たり切削量（cm^3／h）　F：切削面積（mm^2）　V：切削速度（m／min）

T：切削工具寿命（min）　t：切削工具取換え，調整時間（min）

（3）　被削材1個当たりの加工費を最小にする方法

$A(\mathrm{V})=B\ (\mathrm{V})+D\ (\mathrm{V})+E\ (\mathrm{V})+C$

A：被削材1個当たり加工費(円／1個)

B：切削費（人件費など）C：段取り費（一定）　D：工具費（チップなど）

E：工具交換費（その頻度により増加）

図3―36はA(V)の式をグラフ化したものであるが，加工費はB～Eの各費用の総和であり，切削速度の関数である。グラフからも分かるように加工費を最小にするような最適切削速度が存在する。

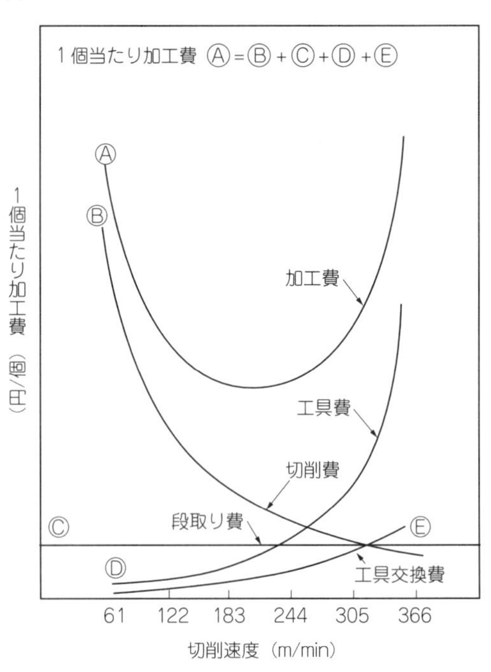

図3－36　加工費と切削速度の関係

【練　習　問　題】

次の各問に答えなさい。

（1）　除去加工とは何か。

（2）　平フライスの上向き削りと下向き削りの違いを簡単に述べなさい。

（3）　正面フライスについて次の問に答えなさい。

①　超硬合金にて軟鋼を荒切削する場合，最大切削速度をどのくらいにしたらよいか。

②　切れ刃の直径を5インチ（125mm）とした場合，フライスの回転数を求めなさい。

③　1刃当たりの送りはどのくらいがよいか。

④　切れ刃の数は何個がよいか。

⑤　このとき，テーブルの送りは何mm／minとしたらよいか。

⑥　切込みの決定のとき，考慮しなければならないことを述べなさい。

⑦　エンゲージ角とディスエンゲージ角について簡単に述べなさい。

⑧　切込みを3mmとした場合の所要動力を求めなさい。

（4）　構成刃先の発生とその影響を簡単に述べなさい。

（5）　仕上げ面粗さを理論的に求める式を記しなさい。

（6）　切削表面の精度をあげるために考慮せねばならないことを簡単に述べなさい。

（7）　切削抵抗を平フライスの上向き削りと下向き削りについて図解し，その特徴を述べなさい。

（8）　切削速度と切削温度の関係を簡単に説明しなさい。

（9）　切削工具の2種類の摩耗について簡単に述べなさい。

（10）　フライスの寿命を判定する方法を説明しなさい。

（11）　切削速度と寿命の関係を説明しなさい。

（12）　最適な切削速度はどうして決めるか説明しなさい。

一級技能士コース
機械加工科〔選択・フライス盤加工法〕

平成４年９月10日　初版発行
平成７年12月20日　２版発行
平成25年11月15日　４版発行

編集者　独立行政法人　高齢・障害・求職者雇用支援機構
職業能力開発総合大学校　基盤整備センター

発行者　一般財団法人　職業訓練教材研究会

東京都新宿区戸山１－15－10　電話　03（3202）5671